dtv
premium

Katharina Weinberger

KOPFZAHL-PARANOIA

VON DER SELBSTZERSTÖRUNG DER KONZERNE

Eine Insider-Analyse

Deutscher Taschenbuch Verlag

FSC
Mix
Produktgruppe aus vorbildlich bewirtschafteten Wäldern und anderen kontrollierten Herkünften
www.fsc.org Zert.-Nr. GFA-COC-001298
© 1996 Forest Stewardship Council

Der Inhalt dieses Buches wurde auf einem nach den Richtlinien des Forest Stewardship Council zertifizierten Papier der Papierfabrik Munkedal gedruckt.

Originalausgabe
Oktober 2009
Deutscher Taschenbuch Verlag GmbH & Co. KG, München
www.dtv.de

Umschlagkonzept: Balk & Brumshagen
Satz: Greiner & Reichel, Köln
Gesetzt aus der Concorde 9,3/13,5'
Druck und Bindung: Kösel, Krugzell
Gedruckt auf säurefreiem, chlorfrei gebleichtem Papier
Printed in Germany · ISBN 978-3-423-24763-4

Inhalt

Einleitung: Der Blick hinter die Konzernfassade

Lange Zeit schien nach außen alles paletti. Für den Blick hinter die Fassade interessierte sich kaum jemand. Die Konzernbosse schrieben jedes Quartal Rekordgewinne. Vorbeugend bauten sie in unseren Breiten in großen Mengen Konzernmitarbeiter ab, die sie als vorrangige Profitfeinde identifiziert hatten. Die Manager, deren Einkommen den Aktienkursen verbunden waren, kassierten viel Lob und sehr viel Geld. Also setzten sie weiter Mitarbeiter frei und strichen Investitionen, um auch ganz sicher die nächsten Quartalsprofit- und damit Bonusziele zu erreichen. Niemand störte sich daran, im Gegenteil. Andere Konzernbosse erkannten das schlichte Erfolgsmodell als ihren eigenen Fähigkeiten adäquat und kopierten es leidenschaftlich. Altmodische Kritiker, die wie ich meinten, dass Unternehmen sich nicht nur um Kostenabbau, sondern auch um Kundenaufbau kümmern sollten, fanden innerhalb und außerhalb der Konzerne wenig Gehör. Es war die Zeit der kollektiven Euphorie und des verordneten Optimismus. Mit permanentem Abbau der Mitarbeiter-Kopfzahl und Raubbau an der Unternehmenssubstanz fühlten sich die Konzernchefs gut für die globale Zukunft gerüstet. Den Beweis der längerfristigen Gültigkeit ihrer Mehr-mit-weniger-Strategien mussten sie nicht mehr antreten. Die Finanzwirtschaft hatte das Benchmarking für Gier und Kurzsichtigkeit für sich entschieden, und die Krise spektakulär ausgelöst. Seither setzen dieselben Manager dieselben restriktiven Instrumente zur Bekämpfung der Krise ein, mit denen sie die Basis für die Krise gelegt haben. Als einzige Mitarbeiter stellen die Konzerne zusätzliche Controller ein. Damit wird der weitere Niedergang ordentlich verwaltet sein.

Mit neuen Geschäftsideen überraschten die Bosse der Großkonzerne, für die ich lange im mittleren Management arbeitete, zu keiner Zeit. Sie fokussierten – anfangs bei übervollen Konzernkassen ohne jede Not – die verbliebene Konzern-Kreativität und Energie auf den fortgesetzten Abbau von Kosten, von Mitarbeitern, von Geschäftsfeldern. Wahrscheinlich erschloss sich mir die Logik der Großkonzerne deshalb so schwer, weil ich nach dem Studium der Betriebswirtschaft meine Berufslaufbahn in Konzernen mittlerer Größe begonnen hatte, die Mitarbeiter noch schätzten, sich nicht nur in Sonntagsreden an Kunden orientierten und Entscheidungen schnell, ohne bürokratischen Spießrutenlauf, trafen. Die Kosten hatten wir trotzdem sehr genau im Auge. Nachdem unser wendiges, innovatives Unternehmen von einem Großkonzern geschluckt wurde und ich als eine von wenigen das mit der Übernahme einhergehende Personalmassaker überstand, erlebte ich die Konzernmaschinerie mit ihrem Drang zu totaler Kontrolle und Mitarbeiterentmachtung wie einen Kulturschock. Als Ausgleich zum engen Konzernkorsett begann ich mir abends Notizen zu machen, über den Konzernalltag, die Kosten- und Kopfzahl-Obsession der Entscheidungsträger und die Scheinheiligkeit der Unterläuflinge, die euphorisch des Kaisers neue Kleider lobten, um bei der nächsten Mitarbeiterselektion die besseren Karten zu haben. Die Notizen vermitteln die Denkhaltung und Diktion der Konzerne, die des Öfteren das Gegenteil des Gesagten meinen, und zeichnen ein authentisches Sittenbild eines gierigen, weltweit gleichgeschalteten, autoritären Systems, das sich nur für sich selbst interessiert. Mit der Finanzkrise sind die kurze Sicht und die Gier der Manager in das Rampenlicht geraten. Aber andere wesentliche

Ursachen für die fundamentale Krise von Finanz- und Realwirtschaft wurden bisher nicht beleuchtet. Sie erschließen sich aus der Innenperspektive, bei der langjährigen Arbeit im Konzern.

Aus der Zusammenarbeit mit anderen Konzernen und von unzähligen Gesprächen mit Mitarbeitern verschiedener Konzerne und Branchen weiß ich, dass die aufgezeigten Phänomene keinesfalls eine Ausnahme, sondern die Regel sind. Da die Erkenntnisse nicht eben ruhmreich und damit aktienkurssteigernd sind und Konzerne wenig Verständnis für Kritik von innen und außen, aber große Rechtsabteilungen und restriktive Vertragsbestimmungen haben, die auch ausgeschiedene Mitarbeiter noch zum Schweigen vergattern, verwende ich ein Pseudonym.

Wie die Konzernbosse ihre Unternehmen – und in der Folge Wirtschaft und Gesellschaft – immer weiter in die Sackgasse manövrieren, ist Gegenstand dieses Buches. Es gibt den Blick in das Konzerninnere frei, auf die Ursachen der Probleme hinter der polierten Fassade. Dem schnellen Streifzug durch das bizarre Innenleben der Konzerne folgen viele konkrete Beispiele.

Einer meiner früheren Chefs meinte, wir seien nicht hier, um Geld zu sparen, sondern um Geld zu verdienen. Er war eine Ausnahme. Die Jagd auf die bösen Kosten war das oberste Credo unserer Konzernoberen und das Karriereticket für das Management darunter. Ehrgeizige Manager überboten sich, bisherige Konzerntabus zu brechen und jahrzehntelang gut funktionierende Strukturen und eingespielte Teams mit verwegenen Streichprogrammen gnaden- und gedankenlos zu zerschlagen. Gravierende Kollateralschäden wie monatelange Lieferprobleme und Marktanteilsverluste wurden den Protagonisten, was mich stets erstaunte, niemals öffentlich zum Vorwurf gemacht. Wie überhaupt Cost Cutting zum vermeintlichen Allheilrezept mutierte, zur »kugelsicheren Lösung«, wie es ein Kollege nannte. Was immer der Grund für eine Absatzkrise in einem Land war, der verantwortliche Manager konnte seinen Kopf retten und ohne

Lösung des eigentlichen Problems weiterwursteln, wenn er seinen Vorgesetzten nur reumütig einen ambitionierten Kostensenkungsplan präsentierte.

Als besonders hinterhältige Kostenfaktoren und damit vorrangige Feinde des Profits wurden die Mitarbeiter enttarnt. Zum Unglück für die Arbeitskräfte scheint der Markt massiven Personalabbau zu mögen, beschrieb ein Analyst den Mechanismus. So kreist das Denken der Bosse um das Senken des »Headcount«, der Zahl der fixen Köpfe auf der Gehaltsliste. »Quick and dirty«, schnell und schmutzig, geht man dabei vor. Die Kritischen und Wissenden haben Vortritt beim Hinauswurf, bestätigte vor Kurzem wieder eine Freundin, die im Management einer großen deutschen Bank arbeitet.

Auch wenn sie von Zeit zu Zeit das Wort Nachhaltigkeit in den Mund nehmen, der zeitliche Horizont der Chefs in den börsennotierten Konzernen geht über das heilige Quartal nicht hinaus. Dann werden die Konzernfassade poliert, die Zahlen frisiert und den Analysten vorgestellt. Wenn kurz vor Quartalsende die Zahlen nicht den Erwartungen der Analysten zu entsprechen drohen, werden Investitionen abgeblasen und jeglicher Einkauf vehement gestoppt. Dann dürfen die Mitarbeiter ohne Sondergenehmigung nicht einmal eine Druckerpatrone bestellen.

Das Konzernleben ist in strenge Prozesse gepresst, in Einkaufs-, Prognose-, Budgetanforderungs-, Berichtsprozesse, die jeden Schritt der Mitarbeiter determinieren. Genehmigungen von ganz oben wurden im Lauf meiner Konzernjahre immer wichtiger, der Freiraum für Entscheidungen vor Ort immer kleiner. Nicht einen einzigen Arbeitnehmer durfte unser lokaler Geschäftsführer ohne Zustimmung der Konzernzentrale einstellen. Zentralisierung galt unseren Konzernbossen im fernen Hauptquartier als Garantie für Kosten- und Kopfzahldisziplin und – in völligem Verkennen der tatsächlich auflaufenden Kosten – als Basis für Einsparungen. Die immensen Kosten für die komplexen Technologiesysteme und das Heer an Bürokraten, das die

Einhaltung der Vorschriften überprüft, ignorieren sie, genauso wie die Zeit, die die Mitarbeiter mit dem Füttern der riesigen bürokratischen Maschinerie vergeuden. Wo sie doch sonst ganz scharf darauf sind, alles bis ins Detail zu evaluieren. »Satisfy the system«, stelle das System zufrieden, war die Devise, dann hast du deine Ruhe.

Unendlich viel Zeit, Energie und Nerven kostete die Mitarbeiter auch die Entscheidung der Konzernchefs, den Konzern in kleinere Happen, gewinnverantwortliche Geschäftsbereiche, zu zerlegen. Für mehr Fokus sagen sie, für mehr Kontrolle und eine bessere Ortung der bösen Kosten, meinen sie. Sie unterschätzten, wie schnell unterschiedliche Lager entstehen und die neuen Clanchefs Mauern um ihre kleinen Reiche innerhalb des Konzerns hochziehen. Silos heißen diese Bereiche im Konzern. Statt sich am Markt mit der Konkurrenz zu messen, bekämpfen sich die diversen Silo-Bewohner innerhalb des Konzerns.

Kein Wunder, dass unsere Konzernbosse ein beinahe erotisches Verhältnis zum Wandel haben. Embrace change, sagen sie, umarme den Wandel. Schließlich erlaubt er es ihnen, ohne Gesichtsverlust einer für die Unternehmenspraxis untauglichen Umorganisation die nächste folgen zu lassen und gleichzeitig auch noch dynamisch zu wirken. Auch die Marktanalysten lieben den Wandel, ohne viel zu fragen, ob er in die richtige Richtung stattfindet. Mitarbeiter, Kunden und Geschäftspartner haben kaum Zeit, sich in einer Neuorganisation zurechtzufinden, da rollt schon die nächste über sie hinweg. Natürlich ist jede neuerliche Umstrukturierung wieder eine gute Gelegenheit, unbequeme Leute loszuwerden.

Kunden schaffen sei die Aufgabe eines Unternehmens, meinte Peter F. Drucker, Managementguru mit österreichischen Wurzeln. Aber dafür bleibt den Mitarbeitern nicht viel Zeit. Die Bosse appellieren zwar vor jedem Personalmassaker an die Belegschaft, trotz des Damoklesschwertes über den Häuptern zuallererst an die Erreichung der Quartalsziele zu denken. Aber ein externer Fokus in diesen unsicheren Zeiten wäre absolut letal. Zudem hat die Mehrzahl der Kollegen erkannt, dass es im Konzern am meisten Ärger verursacht, Fristen für interne Antrags- und Berichtserfordernisse zu versäumen, und verständlicherweise beschlossen, auf Interna zu fokussieren. Die komplexen Organisationsformen, die unsere Chefs geschaffen haben, tun ein Übriges, um die Arbeit innerhalb des Konzerns zu erschweren. Das Ergebnis bezeichnete eine ob der Vielzahl und Höhe der internen Hürden frustrierte Kollegin treffend als »interne Masturbation«.

Die Konzernoberen waren erfolgreich. Die meisten Kollegen denken jetzt in Kosten, nicht in Marktchancen. Hoch angesehene, passionierte Kostenwächter torpedieren vielversprechende Investitionen in die Zukunft. Projekte, die in einigen Jahren verlässliche Erträge gebracht hätten, wurden nicht begonnen, um Kosten zu sparen. Heute fehlen die Erträge. »Fokus« war die offizielle Lesart der Konzernleitung für den Rückzug aus immer mehr wichtigen Geschäftsfeldern, die der Konzern zur Frustration der verbliebenen kundenorientierten Mitarbeiter brachliegen ließ.

Aber der Konzern verfügt ohnehin über immer weniger Fachleute, die sie beackern könnten. Von »weißen Zonen« sprach einer der verbliebenen Experten, von den wachsenden Bereichen im Konzern, die sich vor allem durch den Mangel an Fachwissen und Erfahrung auszeichnen. Das kann sich die Personalpolitik der letzten Jahre, die nur auf die Verringerung der Kopfzahl und die Entsorgung der teuren Älteren abzielte, an die Fahnen heften. Die Belegschaft setzt sich zunehmend aus zeitweiligen Agenturmitarbeitern, externen temporären Arbeitskräften, »PermaTemps«, also permanent temporären Mitarbeitern, geleasten Mitarbeitern, neuen Selbstständigen, freien Dienstleistern und Vertragspartnern, Dauerpraktikanten und ausgelagerten Mitarbeitern zusammen. Eine unerfahrene Patchwork-Mannschaft tummelt sich auf dem globalen Spielfeld, das Gegenteil von einem gut eingespielten, effizienten Profiteam. Das ist offenbar den Entscheidungsträgern, die immer mehr Zeit für die aufwendige Administration dieses komplexen Personal-Flickwerks aufbringen müssen, weniger wichtig als die Tatsache, dass sie die Nicht-Angestellten jederzeit problemlos und ohne große Kosten wieder loswerden und die sakrosankte »Kopfzahl« klein halten können.

Wichtig ist der Schein, die Fassade, das haben die meisten Mitarbeiter verstanden. Für ihr Überleben im Konzern ist es von unschätzbarem Vorteil, wenn sie auch noch bei den unsinnigsten Entscheidungen der Konzernoberen Euphorie heucheln und deren Lieblingsschlagworte verwenden. In dem restriktiven, reglementierten Klima, das unsere Bosse geschaffen haben, gedeihen Innovation und Marketing, laut Drucker die zwei wesentlichen Funktionen eines Unternehmens, nicht. Schließlich sollen wir nicht denken, so der Chef der Region, sondern brutal exekutieren.

Die Ergebnisse von anonymen Mitarbeiterumfragen müssten die Chefs alarmieren, aber ihre Reaktion geht über Lippenbekenntnisse nicht hinaus. »Wir sind unser ärgster Feind, wenn wir unsere Prozesse nicht endlich vereinfachen und die Genehmigungshürden nicht entschärfen«, sagen die Kollegen. Oder: »Wir haben eine extrem komplexe Struktur, die prozess- und nicht geschäftsorientiert ist. Es ist schwieriger, intern die Genehmigung für ein Projekt zu bekommen als den Kunden zu überzeugen ...«

Ach ja, der Kunde. Account heißt er im Konzern, Konto, das gefälligst hochprofitabel und anspruchslos zu sein hat. Die Chefs fordern dazu auf, die Kunden »zu besitzen, besser zu kontrollieren, mehr aus ihrer Geldbörse herauszuholen, die Kundenbasis besser auszubeuten«. Mit entsprechenden Bonifikationen werden die Verkäufer darauf gedrillt, jene Produkte bevorzugt zu verkaufen, die für den Konzern die höchste Rendite bringen, aber nicht notwendigerweise den größten Nutzen für den Kunden. Außerdem haben unsere Bosse erkannt, dass Kunden Kosten verursachen. Sie wollen, dass der Konzern nur noch mit den ganz Großen direkt zu tun hat. Selbst bei einem der größten globalen Geschäftskunden wird noch gespart, und es gibt keine Genehmigung, Servicefachpersonal in Kundennähe einzustellen.

Am einfachsten spart man aber beim einfachen Konsumenten. Spätestens wenn nach dem Kauf Probleme mit dem gekauften Produkt oder der Dienstleistung auftreten, kommt die ultimative Desillusionierung des Käufers durch den Hersteller. 300 Euro verlangt die Computerfirma dann, nur um einen Blick auf das marode Produkt zu werfen. Schließlich muss auch der Kundenservice als gewinn- und verlustverantwortliche Abteilung profitabel sein. Vierzehn Tage wird es dauern, erfährt der genervte Autofahrer, bis das notwendige Ersatzteil für die Reparatur aus Frankreich kommt. Da hat der Hersteller wohl heftig bei der Lagerhaltung gespart – auf Kosten der Käufer seiner Autos. Eine halbe Stunde hängt man in der Leitung, bis einem dann ein präpotenter, ausgelagerter Call-Center-Agent einreden will, dass man selbst schuld ist am Nicht-Funktionieren des gekauften Geräts. Das müssen die Kunden einfach verstehen. Für die Kundenzufriedenheit hat der Konzern eine eigene Abteilung, daher sind die anderen Kollegen frei, sich um wichtigere, interne Dinge zu kümmern. Schließlich haben sich die Kunden als leidensfähig erwiesen und sie haben auch nicht mehr groß die Wahl. Die Konkurrenten, die der Konzern noch nicht aufgekauft hat, machen es genauso.

Das ist eben das Teuflische. Alle oder fast alle Konzerne setzen auf die gleiche Reduktionskost, die Cheerleader »Neutron Jack«, Jack Welch, der damalige CEO von General Electric, eingeführt hatte. Er hatte als Erster auch in guten Zeiten massiv Leute abgebaut, um weiter die Profite zu steigern, und damit eine gefährliche Mode kreiert. Die Konzernlenker entwickelten die fatale Kopfzahl-Paranoia, eine obsessive Sucht, die Zahl der permanenten

Mitarbeiter auf ihren Gehaltslisten unabhängig vom Geschäftsgang drastisch zu senken. Sie konnte nicht ohne Folgen für die Gesamtwirtschaft und für die Gesellschaft bleiben. Als kritische Staatsbürgerin, die durch die Entwicklung bei meinen Konzernarbeitgebern früh hellhörig wurde, interessierte ich mich für die Zusammenhänge und Hintergründe. Als von mehreren Fusionen Betroffene war mir auch die destruktive Gewalt des M&A-Tsunamis, einer weiteren fundamentalen Fehlentwicklung, die Politik und Öffentlichkeit verschliefen, bewusst. Mergers and acquisitions, Fusionen und Übernahmen gediehen, als ob es kein Morgen und eine unendliche Anzahl von aufzusaugenden attraktiven Unternehmen und Arbeitgebern gäbe. Mit Kassen, die dank Personalabbau und Investitionsunwillen voll waren, begaben sich die Konzerne auf Einkaufstour, um Marktanteile und Innovation, die auf den eigenen Friedhöfen der Kreativität nicht mehr gedeiht, zuzukaufen oder einfach die lästige Konkurrenz auszuschalten. Ich weiß, wie viele menschliche und materielle Ressourcen die neuen Chefs dabei eher beiläufig zerstören und welche katastrophalen Auswirkungen diese Mode auch auf Geschäftspartner und Kunden hat. Es ärgert mich, wenn Konzernchefs in den Medien vollmundig verkünden, sie hätten ein übernommenes Unternehmen »saniert«. Sie haben es nicht saniert, sie haben nur große Mengen Mitarbeiter hinausgeworfen. Die meisten Fusionen sind ein Misserfolg, geben die Experten zu, aber nach der Zerschlagung gibt es kein Zurück. Die Leichen Tausender, einst gut funktionierender Unternehmen säumen den Weg der Konzentration, von den wenigen Gewinnern der Entwicklung gern positiv Marktbereinigung oder Konsolidierung genannt. Das Ergebnis ist weder rein noch solid. Auch hier gelten die alten Marktwahrheiten nach wie vor. Mit der Zunahme der Konzentration wird es leichter für die verbliebenen Akteure, die Preise zu erhöhen. Dominante Player können ihre Lieferanten wie auch ihre Kunden auspressen, warnte das amerikanische Antitrust-Institut schon Ende der 1980er Jahre, lange bevor der

Wahnsinn des Fressens und Gefressen-Werdens seinen traurigen Höhepunkt erreicht hatte. Das Institut wies auch noch auf andere Risiken hin: »Zudem kann das Aufsaugen kleinerer, weniger bürokratischer Unternehmen durch starre größere auch die Innovation abwürgen. Je größer die Unternehmen an der Spitze der Pyramide werden, umso mehr Schlagkraft haben sie. Politische Macht geht Hand in Hand mit der wirtschaftlichen Macht, so eine Machtkonzentration kann auch demokratische Prozesse gefährden.« Dass die Vernichtung von Hunderttausenden lukrativer Konzernjobs und das Wuchern billiger prekärer Arbeitsverhältnisse nicht ohne Folgen für die Kaufkraft der Konsumenten und die gesamtwirtschaftliche Nachfrage blieb, konnte keine Überraschung sein. Nur unsere Konzernchefs rechneten offenbar mit der unendlichen Konsumfreude und Leidensfähigkeit der Arbeitnehmer, deren Einkommen sich – dank der Sparpolitik gegenüber Mitarbeitern – seit Jahren bekannterweise gegenläufig zu jenem der Bosse und der Profite der Konzerne entwickelte.

Konsequent haben die Konzerne mit ihrer Kopfzahl-Paranoia und ihrem Raubbau jahrelang das Fundament ihrer eigenen Zukunft und des allgemeinen Wohlstands untergraben. Die unterwürfige Rolle der Politiker in diesem Zerstörungsspiel habe ich nie verstanden. Sie kamen ihrer Aufgabe, die Rahmenbedingungen für die Wirtschaft vorzugeben, in den letzten Jahren nicht mehr nach, sondern machten sich vielfach zu willfährigen Popanzen der Konzerne. Die Wirtschaftsbosse brauchten nur die Globalisierungskeule zu schwingen und mit Kapitalabzug und Jobverlagerung zu drohen. Dann senkten die Politiker die Konzernsteuern und weichten die Arbeitsgesetze weiter auf. Mit guten Ratschlägen geizten unsere Bosse nie. Wenn die Konzernchefs auf Reisen gingen, mussten die Landesorganisationen stets dafür sorgen, dass die Oberen von den Staats- oder Regierungschefs der besuchten Länder empfangen wurden. Sie hatten dann meist einen bescheidenen Scheck für einen wohltätigen Zweck und viele Vorschläge für die weitere wirtschaftliche Liberalisierung des Landes im Gepäck. Wenn die Politiker im Gegenzug versuchten, eine größere Investition ins Land herbeizureden, winkten die Konzernchefs meist ab. Man trage ohnehin schon ungeheuer viel zum Wissenstransfer ins Land bei. In Wirklichkeit sorgt der Konzern dafür, dass er nicht allzu viel beiträgt. Nach einem dieser »Staatsbesuche« forderte der Generaldirektor der Region, ein eifriger Exekutor von Konzerndirektiven, den Landesgeschäftsführer auf, sicherzustellen, »dass wir künftig nicht mehr so viele Steuern zahlen. Wir müssen etwas mit den Einstandspreisen tun, um die Profite aus dem Land herauszubekommen«. Hier finden wir die Kreativität, die anderswo fehlt. Mit kreativen Buchhaltermethoden, wie künstlich hoch angesetzten Einstandspreisen, die Mutter- oder Schwesterunternehmen den nationalen Konzernablegern verrechnen, weit überzogenen Weiterverrechnungen von Gemeinkosten für zentral erbrachte oder ausgelagerte Leistungen oder dem zentralen Abrechnen von Umsätzen über Steuerparadiese minimieren die Konzerne die Steuerleistungen in den einzelnen Ländern. Etwa die Hälfte des Welthandels wird auf dem Papier über Steueroasen abgewickelt, schätzt John Christensen, Direktor des Tax Justice Networks (Netzwerk für Steuergerechtigkeit). Die Finanzjongleure im Konzern haben weitaus mehr Respekt vor den Audits, den firmeninternen Prüfungsverfahren, als vor den Steuerprüfungen der nationalen Steuerbehörden.

Wie die lange Zeit mies geredeten Staaten mit verminderten Steuereinnahmen die unermesslichen Schulden der »bösen« Banken übernehmen, Konzernen, die dank Größenwahn und Inkompetenz ihrer Lenker über dem Abgrund taumeln, mit Haftungen und Finanzspritzen auf die Beine helfen sollen, die wachsende Arbeitslosigkeit finanzieren und den privaten Konsum als Eckpfeiler der Nachfrage stimulieren sollen, ist mir nicht klar. Wie uns dieselben Manager, die uns mit ihrem egozentrischen, nur bis zum nächsten Quartal und Bonus reichenden Horizont in die große Krise, die längst zu einer Gesellschaftskrise wurde, führten, wieder herausführen sollen, kann ich mir nicht vorstellen. Dass wir einfach, ohne die Frage nach Verantwortung und Schuld zu klären, wieder zur früheren Tagesordnung übergehen, auch nicht. Dafür war das bezahlte neoliberale Lehrgeld zu hoch und der Schaden zu nachhaltig. Die vielen, vielen Verlierer und die ganz wenigen Gewinner machen das System extrem instabil. Mit meinen Notizen möchte ich einen kleinen Beitrag leisten, dass es die Konzernbosse künftig nicht mehr ganz so leicht haben, alles kaputt zu machen.

Verlässliche Wegweiser in die Sackgasse

Kosten senken um jeden Preis

Im Kielwasser des Strebens nach Profit, dem obersten Konzernziel, dominiert seit Jahren das Thema »Kosten« den Unternehmensalltag. Bei Mitarbeiterversammlungen stellen die leitenden Manager die neuesten Sparprogramme vor und belobigen herausragende Stachanows des Reduzierens. »Fällt ihnen denn gar nichts anderes ein«, meint mein Nachbar leicht resigniert. »Die Firma beschäftigt sich nur noch mit Kürzungen und Streichungen, kann mich gar nicht erinnern, wann die letzte positive neue Initiative vorgestellt wurde«, beklagte die Geschäftsführerin einer Landesorganisation das Klima des Rückzugs. Aufbruchstimmung kommt in diesem Umfeld nicht auf. Auch wenn uns der CEO via Satellitenschaltung einreden will, dass wirklich gute Unternehmen beides können: Kosten eliminieren und stark wachsen, und das zur selben Zeit. Dass wir das können, glauben die wenigsten, wenn auch die Karrierebewussten wie immer Zustimmung heucheln. Mein damaliger Chef, derjenige, der meinte, wir sollten uns besser aufs Geld*verdienen* konzentrieren, kritisierte die vorgegebenen Prioriäten. Als er wieder einmal in eine dieser endlosen Diskussionen über Kostensparen verwickelt wurde, verlor er die Geduld: »Sollten wir nicht mit unseren Kunden arbeiten und unsere Produkte und Leistungen verkaufen, anstatt Wege zu suchen, um Steuern zu sparen?« Er war eine der Managementhoffnungen und verließ den Konzern, weil er die neuen Dogmen und die komplexe Organisation kontraproduktiv fand.

Im Zuge der Kostensenkungsrunden wurde auch die Geschäftsreisetätigkeit »eingefroren«. Jede Reise von Mitarbeitern, auch jene von Verkäufern, musste erst vom direkten Vorgesetzten, dann vom Verkaufsleiter und schließlich vom Generaldirektor genehmigt werden. Der Verkaufsleiter wendete ein: »Wir müssen doch weiter verkaufen, um die Ziffern zu erreichen. Vielleicht bin ich naiv, aber wenn wir die Umsatzquote erreichen, erwarte ich keine drastischen kostensenkenden Maßnahmen.« Er musste trotzdem massiv einsparen. Kosten senken hatte sich unabhängig von der geschäftlichen Notwendigkeit als selbstständiges Ziel etabliert.

Die leitenden Manager haben sich der Kostenjagd verschrieben und sehen in Mitarbeitern, Lieferanten und Geschäftspartnern Kostenfaktoren und Feinde des Profits, anstatt integrale Glieder der Wertschöpfungskette und Schlüssel zu den Kunden und damit zu den Umsätzen. Manager mögen einfache Gleichungen und gehen ans Werk, um die bösen Kosten und ihre Träger zu reduzieren. So quetschte einer der weltweit profitabelsten Konzerne jeden Cent aus den frustrierten Geschäftspartnern und erklärte Mitarbeitern, dass wichtige Verkäufertrainings wegen fehlender Budgets verschoben werden müssten. Zur gleichen Zeit lasen Mitarbeiter und Partner in der Zeitung von zweistelligen Milliardengewinnen des Konzerns. Derselbe Konzern war nicht einmal bereit, die Fassaden seiner zunehmend schäbiger aussehenden Verkaufsniederlassungen ausbessern zu lassen. Einen grundlegenden Umbau, geschweige denn einen Neubau, gab es seit Jahrzehnten nicht mehr.

Daniel Thorniley von der Economist Intelligence Unit meinte in seinen ›Corporate Network Briefings‹: »Kosten zu senken ist leicht, und der Letzte in der Firma dreht das Licht ab und sperrt die Türe zu.« Wieso können die Unternehmen nicht aufhören,

Kosten zu senken, selbst wenn sie durch die ständige Hungerkur schon ausgezehrt sind? Weil Kosten senken eine scheinbar einfache, Profit steigernde Strategie für Manager ohne Wachstumsvisionen ist. Doch diese Strategie setzt eine gefährliche Abwärtsspirale in Gang und führt – konsequent weiterverfolgt – zum Ende des Unternehmens –, mit maximaler Kostenersparnis.

»Kosten senken ist überhaupt nicht leicht«, sagte ein Kollege, der Chef einer Konzernniederlassung in Osteuropa, den ich mit Thornileys Aussage provozierte. »Aber es ist die ›kugelsichere‹ Antwort, wenn du ein Problem mit dem Business hast und dein Manager dich fragt, wie du es lösen willst. Es gibt kaum Manager, die sich für die eigentlichen Gründe, die zu dem Problem geführt haben, interessieren und daraus Konsequenzen für das zukünftige Verhalten fordern.« »Kosten senken« ist die automatische Antwort auf jedes Problem, unabhängig davon, woher es kommt. Es ist die einzig anerkannte, vom Vorgesetzten erwartete Managementreaktion. Mit nur einem Nachteil: Das ungelöste Problem wird prolongiert, wahrscheinlich sogar noch verschärft und wird folglich weitere Kostenreduktionen notwendig machen. Die Spirale geht weiter nach unten.

Intern betrachtet ist Kosten senken erst einmal nicht nur joberhaltend, sondern ausgesprochen karrierefördernd. Mittleres Management und Mitarbeiter haben die Botschaft von ganz oben verstanden: ehrgeizige Sparprogramme ohne Tabus sind die verlässlichsten Karrieretickets und noch dazu so gut wie risikolos. Ich zumindest habe es nie erlebt, dass der Autor eines verwegenen Kürzungsvorschlags zur Verantwortung gezogen wurde, wenn sich das vermeintliche Sparprogramm im Nachhinein als Kostenbombe herausgestellt hatte. Da ist es kein Wunder, wenn karrierebewusste Mitarbeiter leicht in Versuchung kommen, die erzielte oder potenzielle Sparleistung ihres Kostensenkungsprogramms ein wenig zu übertreiben. In der vorherrschenden Euphorie ist mit kritischen Fragen nach dem Hintergrund und dem Ausmaß der Einsparungen nicht zu rechnen.

Im Folgenden ein kleines Beispiel, wie auf dem Papier in Windeseile Kostenersparnisse entstehen, die dann zu weitreichenden falschen Schlussfolgerungen und Entscheidungen führen: Während eines Arbeitsbesuches bei einer Landesorganisation beklagte sich der lokale Beschaffungsmanager über seinen mangelnden Verhandlungsspielraum. Der zentrale Konzerneinkauf hatte nämlich für wesentliche Services und Produkte eine globale Ein-Lieferanten-Strategie beschlossen und weltweit gleiche Konditionen für alle Niederlassungen ausgehandelt. »Ich weiß nie, was ich in das Feld ›Kostenersparnisse‹ meines Quartalsberichts schreiben soll. Ich habe früher viel bessere Preise ausgehandelt, als ich noch mit den lokalen Zulieferern verhandeln konnte. Das Preisniveau ist bei uns viel tiefer.« Ein paar Wochen später findet sich in einem Finanzbericht des Landes eine völlig andere Lesart. Die Chefin des Einkäufers, die Landesfinanzcontrollerin, stellte darin beeindruckende Kostenersparnisse im Land vor. Sie seien vor allem der Implementierung des globalen Logistikübereinkommens und der Ein-Lieferanten-Strategie zu verdanken – beides war kurz zuvor noch maßgeblich für Frustration und Mehrkosten verantwortlich gewesen. Die Chefin wusste offensichtlich, was ihre vorgesetzten Finanzmanager von ihr erwarteten, und war gern zu Diensten – gewiss nicht zum Nachteil für ihre Karriere. Aufgrund dieser angeblichen »Kosteneinsparungen« entschloss sich der übergeordnete Finanzchef nun, überall Beschaffungsmanager zu installieren, um die gleichen Scheinersparnisse zu erzeugen. »Komisch«, wunderte sich ein Finanzprokurist, ein Neuling in der Konzernwelt, der der Finanzabteilung eines Unternehmens mittlerer Größe vorgestanden hatte, bis es von einem Global Player gekauft wurde, »um wie viel mehr wir jetzt für bestimmte Dinge ausgeben, wie etwa Visitenkarten, die wir früher im Ort nebenan tadellos drucken ließen. Jetzt werden sie irgendwo anders, weit entfernt produziert, und kosten ein Vielfaches.«

Manager mit feinen Sensoren für das Opportune verlegen sich auf den pro-aktiven, karrierefreundlichen Zugang: Mit vorauseilendem Gehorsam teilte beispielsweise der Marketing-Rat für Veranstaltungen und Broschüren mit: »Wir planen, unsere Investitionen gegenüber früher um 50 Prozent zu senken, dabei an die 50 Millionen Dollar einzusparen und gleichzeitig die Exekution in beiden Bereichen stark zu verbessern.« Dieses Marketing-Team muss wohl bisher sehr viel falsch gemacht haben, dachte ich als Empfänger der E-Mail, wenn sie jetzt mit der Hälfte des Budgets auskommen und noch dazu bessere Ergebnisse erzielen wollen. Aber das Management schien nicht irritiert, sondern zeigte sich erfreut ob des Kostensenkungseifers. Wie immer stellte niemand die Kalkulation der versprochenen Einsparungen infrage.

In einem ideologisierten Klima, das Kosten sparen zum unbestrittenen Dogma macht und gnadenlose Kostenjäger nach oben schwemmt, überrascht es nicht, dass verwegene Kosteneliminierungsprogramme prächtig gedeihen. Dabei gehen Karrieregeilheit, Gier und Dilettantismus oftmals eine unheilige Allianz ein und das Management adoptiert noch unausgegorene Sparkonzepte ohne Rücksicht auf Verluste. An mögliche Auswirkungen auf Kunden und Partner denkt keiner. Mitarbeiter, die immer noch vom Kundendenken verseucht sind, wundern sich. Kritik und Hausverstand werden von Euphorie, Linientreue und Wunschdenken platt gewalzt – oft mit besonders kostspieligen Resultaten, die allerdings nur vereinzelt an die Öffentlichkeit dringen.

Dafür gibt es schöne Beispiele. Um Kosten zu sparen, soll der Standort der gut etablierten europäischen Konzernzentrale in ein anderes Land, ein Steuerparadies, verlegt werden. Der Großteil des Managements und ein paar der Mitarbeiter sollen dorthin übersiedeln. Eine Projektgruppe, die sich der Bedeutung ihrer Mission voll bewusst »Sparen für die Zukunft« nennt, erforscht heimlich die möglichen neuen Standorte und ihre Steuerdiscountangebote. Es gibt die unvermeidlichen undichten Stellen und so muss der Generaldirektor sein Geistesprodukt vorzeitig vorstellen. Stolz verkündet er den geschockten Angestellten auf einer Mitarbeiterversammlung die voraussichtlichen riesigen Kosteneinsparungen als Motive für den Transfer.

Während der nächsten Monate werden weder Manager noch Mitarbeiter auch nur das geringste Interesse am operativen Geschäft haben. Das Management wird beschäftigt sein mit der Planung der Übersiedlung, beruflich wie privat, mit dem Suchen nach Wohnungen, mit dem Überreden von Ehegatten und Kindern, ihr Leben wieder neu auszurichten. Die Mitarbeiter spielen Ratespiele, wer in die neue Zentrale übersiedeln wird, wer am alten Standort bleibt oder wer in der neuen Struktur überflüssig geworden ist. Gerüchte wuchern, alle überlegen, wie der Wandel ihr Leben beeinflussen wird.

Dann ist der Umzug beendet. Die Gänge in der früher hektischen Zentrale sind jetzt leer, die Bosse weg und mit ihnen auch der Unternehmensgeist, der Sinn für das Dringliche, der gemeinsame Wille, Dinge vorwärts zu bewegen. Die nächsten Monate werden zwei Dinge zeigen. Erstens, dass die erwarteten Steuererleichterungen, Verkaufs- und Einkaufssynergien bei Weitem überschätzt wurden, und zweitens, dass parallel dazu auch die Kosten des Umzugs, des Pendelns, der wuchernden Büroräume (mancher hatte in der Zwischenzeit ein Büro am alten Standort, eines am neuen und eines zu Hause) drastisch unterschätzt wurden. Natürlich war es auch reines Wunschdenken, dass die neuen Kommunikationsmittel physische Treffen ersetzen können.

Zufällig erfuhr ich später die Resultate einer von der Beschaffungsabteilung vorgenommenen diskreten Nachkalkulation. Sie hatte ergeben, dass die zusätzlichen Kosten höher waren als die Einsparungen. Dabei hatte diese Analyse noch nicht einmal die enormen Nebenkosten berücksichtigt, die sich nur indirekt in den Bilanzen niederschlagen: die Frustration und Enttäuschung der Mitarbeiter, den monatelangen Verlust von Geschäftsfokus, die Entfernung und die zunehmende Entfremdung zwischen Management und Mitarbeitern, den Verlust von Managern und

Mitarbeitern, die nicht übersiedeln wollten, die Zeit, die mit dem Umzug und seiner Vorbereitung verloren ging. Gesprochen wurde darüber nicht. Der Sinn dieser Maßnahme wurde nie öffentlich infrage gestellt, ihr Initiator nie zur Rechenschaft gezogen. Die Qualität und Energie der Arbeit vor dem Auszug wurde nie wieder erreicht. Ein paar Quartale später wurde das Unternehmen einem anderen einverleibt und eine neue Europazentrale etabliert.

Nach solchen Geschehnissen geht man schnell wieder zur Tagesordnung über. In bewährter So-tun-als-ob-Manier wird das Scheitern offiziell nicht wahrgenommen, die Gründe werden folglich nicht analysiert. So werden weiterhin die von Profitdenken und Wunsch nach Anerkennung gesteuerten Kostenvorteile unrealistisch eingeschätzt und die gewaltigen Kollateralschäden ignoriert. Die Arroganz, die den menschlichen Faktor als jederzeit ersetz-, versetz- und damit vernachlässigbar einschätzt, wird perpetuiert, das Risiko weiter unterschätzt und gut funktionierende, vitale Unternehmensstrukturen werden zerstört. Verwegenen neuen Abenteuern stehen keine leidvollen alten Erfahrungen im Wege.

Ein populäres Ziel der eilfertigen Kostenzertrümmerer ist die Logistik, die mit Lagerhaltung und Transport einen wesentlichen Kostenfaktor, aber auch einen wichtigen Faktor für die zeitgerechte Belieferung der Kunden darstellt. Die Logistik ist damit ein besonders sensibles Spielfeld für Kostensenkungsexperimente. Wieder müssen die Euro-Zeichen in den Augen der Manager ihre Denkfähigkeit getrübt haben, als sie folgende Entscheidung trafen. Die Logistik für die Lagerung und Zustellung der Produkte sollte ausgelagert werden. Das beauftragte Dienstleistungsunternehmen hatte weder eine Ahnung vom Markt noch die notwendige Infrastruktur, dafür aber den unbegründeten Optimismus, innerhalb von zwei Monaten eine Lösung zu liefern. Über Wochen konnte das Unternehmen Schlüsselprodukte nicht liefern. Treue Kunden wurden in die Arme der Konkurrenz getrieben, Verkäufern mit massiven Lieferproblemen wurde beschieden, sie mögen sich nicht auf diese minderen Nachteile konzentrieren, sondern sich um den Verkauf der weniger beliebten, aber erhältlichen Produkte kümmern. Das führte zu riesigen Einkommens- und Marktanteilsverlusten. Die Hintergründe für diesen Kostensparflop wurden nie analysiert.

Schon zuvor war es im Rahmen einer Sparinitiative zu gewaltigen Lieferproblemen gekommen, als die Transportunternehmen konsolidiert wurden und dadurch weniger LKWs zur Verfügung standen. Zehntausende der wichtigsten Produkte waren über Wochen nicht verfügbar. »Die Hälfte meiner Mails sind Beschwerden über fehlende Lieferungen«, beklagte der regionale Produktmanager, der für sich als aktuellen Jobtitel »Eskalationsgenehmigungsvorstand« vorschlug. Für seine eigentliche Arbeit, nämlich den Absatz der Produkte zu steigern, hatte er weder Gelegenheit noch Zeit.

Ein anderes begehrtes Ziel für Kostensenkungshasard ist die Produktqualität. Der Vorstandsvorsitzende eines Fertigungsunternehmens, für das ich früher arbeitete, war ein echter Pionier beim Kostendenken, aber leider nur dort. Als er das unselige Schlagwort »Qualität so gut wie nötig« hörte, erklärte er es gleich zu seinem Lieblingsmotto und enttarnte die bis dahin üblichen hohen Qualitätsstandards als zu kostspielig. Der Erfolg ließ nicht lange auf sich warten. Die Arbeiter und ihre Manager hatten die Botschaft verstanden. Die Qualität sackte ab, deutlich unter das Niveau, das die Kunden erwarteten. Noch über Jahre hatte das Unternehmen mit Qualitätsproblemen zu kämpfen und hohe Reklamationskosten zu tragen, die die Einsparungen bei der Produktion bei Weitem in den Schatten stellten.

Auch im Bereich Marketing wird gespart. Fachleute wissen aber, dass es viel teurer ist, Marktanteile, die durch Budgetkürzungen und damit unterbrochene Marktpräsenz verloren gehen, wiederzugewinnen, als das Geld für regelmäßige Kampagnen auszugeben. Das hindert aber die Finanzmanager vieler Konzerne nicht, die Budgets zu streichen. »Reicht es nicht, wenn wir einigen Ländern nur jedes zweite Jahr ein Marketingbudget geben«, meinte ein besonders Verwegener bei einer internen Revision.

Sogar kleinere Unternehmen verfallen dem Trend »Sparen um jeden Preis«, wie der Bäcker in der Nachbarschaft meines Hauses auf dem Land bewies. Nachdem er eine erfolgreiche Bäckerei vom früheren, nunmehr pensionierten Eigentümer übernommen hatte, startete der neue Boss energisch ein unbarmherziges Kostenreduktionsprogramm. Einen langjährigen engagierten Mitarbeiter, vormals die rechte Hand des Chefs mit ausgezeichneten Kontakten zu wichtigen Abnehmern, feuerte er umgehend. Dann begann er offenbar auch an den Rezepten und Ingredienzien zu sparen, denn die Kunden erkannten ihre geliebten Backwaren nicht mehr wieder und flüchteten in Scharen zur Konkurrenz. Auch wichtige Großabnehmer wie das benachbarte Restaurant oder das Dorfgeschäft kehrten dem neuen Bäcker den Rücken und nahmen seine Produkte aus dem Sortiment. So konnte der neue Eigentümer seine Kosten sogar weiter senken, auf Null. Die Bäckerei wurde geschlossen.

Keine Kosten werden hingegen gescheut, um Kosten und ihre Verursacher aufzudecken und zu kontrollieren. Ein Heer von professionellen Kostenjägern, Finanzanalysten und Beschaffungsmanagern durchleuchtet auch noch die kleinsten Ausgabenposten. Die beträchtlichen Kosten, die die Erbsenzähler selbst verursachen, sind im Unternehmen aber tabu. Offenbar geht das Management davon aus, dass sie sich selbst finanzieren, indem sie Kosten aufdecken und eliminieren oder ausreichend abschreckend auf potenzielle Kostensünder wirken, die nicht an den Pranger gestellt werden wollen.

Peter F. Drucker pflegte in diesem Zusammenhang folgendes Beispiel anzuführen: Nachdem ein Unternehmenspräsident eine Firma gekauft hatte, die jährlich einen Profit von 250 000 Dollar erzielte, erkundigte er sich beim früheren Eigentümer, nunmehr Leiter der Fabrik, wie er bisher die Kosten kontrolliert habe. »Das ist leicht«, war die Antwort, »wir wissen, was wir für die Rohstoffe und die Arbeit zahlen und welche Produktionsmenge wir für das investierte Geld bekommen sollten.« »Und wie überprüfen Sie die Gemeinkosten?«, war die nächste Frage. »Wir kümmern uns nicht um sie.« »Na gut«, dachte der Präsident, »da können wir gewiss jede Menge Geld sparen, wenn wir nur gründliche Kontrollen einführen.« Ein Jahr später war der Gewinn der Fabrik auf die Hälfte gesunken. Der Verkauf und alles andere waren gleich geblieben, aber die Kostenkontrollprozeduren hatten die Hälfte des Profits aufgefressen. Wer die zahlreichen Kontrollinstitutionen und -systeme sowie den langen Prüf- und Genehmigungsinstanzenzug in unserem Unternehmen Revue passieren ließ, dem drängte sich ein ähnlicher Verdacht auf. Die Kosten dafür müssen beträchtlich gewesen sein, werden aber – im Gegensatz zu allen anderen – nie transparent gemacht und thematisiert.

So wurde beispielsweise der »Ausgaben-Kontrollrat« installiert. Er ist wiederum Teil der Finanzleitungskommission und mit den Managern der Geschäftszentren, den indirekten Beschaffungsmanagern und den Finanzpraxismanagern hochrangig besetzt. Der Rat hatte uns stolz die Einführung der neuen Beschaffungspolitik verkündet, die »rückwirkend« vorsah, dass es künftig keinen Kauf ohne vorhergehenden Kaufantrag mehr geben solle. Sie sei, so hieß es, »von den Controllern in den Ländern, den Beschaffungs- und Personalmanagern und den Administrationsmanagern für gut geheißen worden«. Die geschäfts- und budgetverantwortlichen Manager, die nunmehr jeden ihrer Käufe von Produkten oder Services von den Zerberussen des zentralen Beschaffungssystems absegnen lassen mussten, hat man erst gar nicht gefragt. Sie wurden nur aufgefordert, die neuen Vorschriften zu verbreiten und einzuhalten. »Wir brauchen Ihre Unterstützung, um die Mitarbeiter über diese neue Regeln zu informieren und sicherzustellen, dass sich jeder in der Abteilung daran hält«, hieß es knapp.

Die neue Beschaffungspolitik wurde durch das zentrale Beschaffungssystem »Kluger-Einkauf« unterstützt, in dem ein dichtes Netz von Kontrollstellen und -hierarchien alle Kaufanträge überprüfte. Es hatte ein eigenes Logo, ein eigenes Support-Team, einen eigenen Newsletter und eine ausführliche Webseite. Das System wurde zur Eindämmung der Kosten auch regelmäßig vor Quartalsende »geschlossen«, Einkäufe und damit Ausgaben »eingefroren«, um die Quartalsergebnisse besser aussehen zu lassen. Aber auch nach der Wiederöffnung des Systems wurden die Nutzer gemahnt, »die weitere Einhaltung der von den einzelnen Organisationen definierten Ausgabenkontrollen sicherzustellen, zusätzlich zu den konzernweiten Ausgaben- und Mitarbeiteraufnahmekontrollen. »Diese Kontrollen sind notwendig, aber wir verstehen, dass sie Ihren Job schwierig machen. Danke für Ihre Unterstützung und die fortgesetzte Aufmerksamkeit, um die Ausgaben für das Unternehmen zu kontrollieren.«

Natürlich ist Kontrolle wichtig, aber man kann auch übertreiben. Wie beim Marketingbudgetplanungs- und Kontrollsystem (MBPC). Allein das MBPC-Team bestand aus zahlreichen Support-Mitarbeitern der ersten und zweiten Ebene, dem regionalen MBPC-Betriebsteam, dem MBPC-Programmmanager, den MBPC-Lösungsmanager, der globalen MBPC-Systemadministration, den Trainingskoordinations- und -kommunikationsleuten und so weiter. Nachdem die teure erste MBPC-Version an den überehrgeizigen Kontrollzielen gescheitert war, hatte die Firma auch für die zweite und dritte Version weder Zeit noch Kosten gespart, um alle Kontrollfantasien endlich wahr werden zu lassen. »Nach einem dreitägigen Treffen des weltweiten Programmmanagement-Büros in den Vereinigten Staaten und zwei Wochen virtueller Tests, bei denen alle Regionen und Geschäftseinheiten teilnahmen, wurde MBPC, die Dritte, abgenommen.« Nunmehr beherbergt das Kontrollsystem MBPC ein Universum an Prozessen, Berichten, Informationen über Nutzergehorsam, Kampagnenkosten, bewilligungspflichtigen Kaufanträge und generiert Unmengen von Daten. Innerhalb von drei Wochen wurden allein Daten von über 1500 Marketingkampagnen an das zentrale Beschaffungssystem und das ERP-System (enterprise resource planning) geschickt, fast tausend Rechnungen vom ERP-System an MBPC, das vom zentralen Beschaffungssystem wiederum über tausend Kaufanträge informiert wurde. Wenn diese alle auch noch hätten überprüft werden sollen, wäre ein Heer von Controllern notwendig gewesen.

Als ein weiterer Firmen-Meilenstein wurde das neue Berichtssystem »Kosten der Mitarbeiter im kleinen Finger« gefeiert. Ein ungeheures Zahlenbonanza stand für die Entscheidungsträger auf einem Webportal Tag und Nacht zur Selbstbedienung bereit: die Kosten von Voll- oder Teilzeitbeschäftigten, permanenten, zeitweiligen oder prekären Mitarbeitern, gegliedert nach Abteilung, Funktion und Monat, die Durchschnittskosten pro aktivem und prekärem Mitarbeiter, der Anteil an den gesamten Arbeitskosten, usw. Allerdings ersetzte das System nicht das »Rotbuch«, das Standard-Kopfzahl-Berichtsinstrument, das den Vorstand mit Mitarbeiterzahlen und anderen Personalkennzahlen füttert. Eine Berichtsmatrix versprach Zugang zu einer Liste anderer Berichtsapplikationen. Es war imposant. Auch da musste ein gewaltiger Apparat an Kostenerfassern und -analysten bezahlt werden.

Nicht minder aufwendig waren die ungeheuren Anstrengungen und Kosten, Mitarbeiter im Sinne der Kostenwahrheit und des Verursacherprinzips ihren adäquaten Kostenstellen zuzuordnen. Endlose Diskussionen und »Kartierungsübungen«, welcher Mitarbeiter auf welcher Kostenstelle aufscheinen soll, beschäftigten unzählige Bürokraten, vor allem nach Umstrukturierungen. Trotz all der Mühe sind die Zahlen aber nicht verlässlich. Kreative Buchhaltungsmethoden nutzten Budget- oder Kopfzahl-Reserven aus einzelnen Bereichen und ordneten Mitarbeiter und Kosten einzelnen Kostenstellen zu, auf denen sie nichts zu suchen hatten.

Einer meiner unzähligen Nachbarn im Großraumbüro erklärte seiner Assistentin ein paar dieser »Umleitungen«, als er mit ihr eine Mitarbeiterliste durchging. »Dieser ist Verkäufer, wurde aber, weil keine Kopfzahl-Vakanz im Verkauf war, einer anderen Gruppe zugeteilt. Dieser arbeitet als ›Pre-Sales‹, ist aber eigentlich im Verkauf. Der ist ein prekärer Mitarbeiter, obwohl er eine wichtige Position innehat, daher ist er auch nicht übermäßig motiviert …« Um in diesem engmaschigen Kostenkontrollsystem noch etwas zu bewegen, beginnt das Unternehmen offensichtlich, sich selbst zu überlisten.

Niemand will die bösen Kosten. Wie heiße Kartoffeln werden sie von Kostenstelle zu Kostenstelle weitergereicht. Diese Passion generiert Hunderte von E-Mails zwischen verschiedenen Regionen, Geschäftsbereichen und Abteilungen, führt zu Beschuldigungen, Geldtransfers, Buchungen und Rückbuchungen und das alles im Dienste der angeblichen Kostenwahrheit. Der Experte für eine Lösung, die dringend für ein Projekt im Nahen Osten benötigt wurde, interessierte sich deshalb überhaupt nicht für die Hintergründe dieses wichtigen Geschäfts, sondern nur für die Kostenstelle, die er mit seinen Ausgaben belasten könnte. Die Erbsen- und Köpfezähler in den verschiedenen Divisionen und Abteilungen sind erpicht darauf, Mitarbeiter von »ihren« Kostenstellen wegzubekommen. Nur aufgrund eines unbestätigten Gerüchts hatte beispielsweise der Finanzcontroller eine Mitarbeiterin, ohne sie überhaupt zu fragen, von der Kostenstelle seiner Abteilung eliminiert, nachdem er von ihrem Transfer in eine andere Organisation gehört hatte. In Wirklichkeit war sie nach wie vor bei ihm tätig.

Nicht alle Kosten sind gleich böse. Immerhin ist das leitende Management bereit, immense Mittel zu investieren, wenn es darum geht, professionelle Kostenjäger und Informationstechnologie(IT)-Controllingsysteme zu engagieren, billigere lokale Lieferanten der teureren globalen Ein-Lieferanten-Politik zu opfern und hinterhältige Kostenfaktoren wie permanente Mitarbeiter zu eliminieren. So waren in meiner Firma in nur einem Quartal im Rahmen der vorläufig letzten Umstrukturierung dreistellige Millionen-Dollar-Beträge für die Mitarbeiterreduktionskosten vorgesehen. Ein Bereich, in dem die obersten Kostenjäger aber jegliches Kostenbewusstsein verloren haben, sind bekannterweise ihre eigenen Gehälter.

Am Ende stand stets der Ruf nach Wachstum. Jede der vielen obsessiven Kostensparwellen, die ich bisher mitgemacht habe, endete unweigerlich mit dem flammenden Appell des Managements nach »Wachstum Wachstum Wachstum!« Kosten zu senken und Wachstum zu erzielen, das sind zwei entgegengesetzte Pole, die auf einer vollkommen verschiedenen Denkhaltung basieren und sich nur für ganz kurze Zeit scheinbar vertragen.

Nicht nur in unserem Unternehmen las man in einem Quartalsbericht: »Dank der Verbesserungen in der ganzen Region und der Reduktion der Kosten, sind unsere Profite wesentlich schneller gewachsen als die Umsätze.« »Die Umsätze in einem bisher besonders wachstumsträchtigen Bereich sind zurückgegangen«, muss das Management in einem anderen Quartal bei der Analystenkonferenz dann aber eingestehen, weil der »Fokus auf Verbesserungen der Profitabilität war. Wir behalten unseren Fokus auf Kostensenkungen bei der Erbringung unserer Dienstleistungen bei, die uns erlauben werden, am Markt gegen den Wettbewerb noch aggressiver aufzutreten. Bis dahin können Sie von uns erwarten, dass wir neue Projekte sehr konservativ beurteilen werden ...« Am Ende könnte aber beides verloren sein, Profitabiliät und Wachstum.

»Ich habe keine schlaflosen Nächte mehr wegen unserer Kosten – sie sind unter Kontrolle. Aber was mir Sorgen macht, ist, dass wir nicht genug wachsen«, gestand der regionale Geschäftsführer bei unserem vierteljährlichen Mitarbeitertreffen. Viele seiner Kollegen in anderen Unternehmen sind in der gleichen

Sackgasse und trachten nach Auswegen. »Man kann Umsätze nur bis zu einer gewissen Grenze durch Kostensenkungen steigern.« »Die Profitmargen aus dem laufenden Geschäft werden sich solange nicht bessern, solange nicht der Verkauf neuen Schwung bekommt, auch wenn das Unternehmen nach noch mehr Kürzungen trachtet.« Oder: »Wir müssen noch an unserer Produktivität arbeiten, aber es gibt jetzt wichtigere Dinge zu tun, Wachstum und Innovation, zum Beispiel.«

Aber auch wenn sie es möchten – und in der Krise wollen sie sowieso nicht –, könnten die Manager, die bisher kompromisslos auf einen Kostenreduktionskurs setzten, den Hebel nicht einfach umlegen. Wachstum beginnt nicht auf Knopfdruck zu sprießen, solange das Klima im Unternehmen nicht stimmt. Was die meisten Unternehmen mit den beträchtlichen Ersparnissen planen, die zum Teil von den Kostensparprogrammen, aber mehr noch von nicht getätigten Investitionen kommen, wird Wachstum und Innovation gewiss nicht fördern.

Der oberste Finanzmanager, der CFO (Chief Financial Officer), gab einen schnellen Überblick, was der Konzern mit dem zusätzlichen Geld in den Taschen vorhat. »Der betriebliche Cash Flow betrug knapp zwei Milliarden für das Quartal trotz beachtlicher Bonuszahlungen und Millionenzahlungen für unsere Umstrukturierungsaktivitäten. Während des Quartals haben wir über eine Milliarde unserer Aktien zurückgekauft. Zusätzlich hat der Vorstand einen weiteren Rückkauf von Aktien im Ausmaß von vier Milliarden genehmigt.« Bekanntlich ist diese Vorgehensweise heute die Regel. Die gesteigerten Profite wurden nicht verwendet, um neue geschäftsfördernde Initiativen zu beginnen, sondern – wachstumsagnostisch –, um Aktien zurückzukaufen, Schulden zurückzuzahlen oder in Anleihen zu investieren.

Mitarbeiter und Kompetenz »quick and dirty« abbauen

Im Zuge der intensivierten Jagd nach Profiten und Steigerungen des Aktienkurses muss sich im obersten Management der fixe Gedanke festgesetzt haben, dass wir permanente Mitarbeiter auf der Gehaltsliste besonders hinterhältige Feinde der Gewinne sind, die es somit drastisch zu verringern gilt. Als eindimensionaler Erfolgsparameter (»weniger ist besser«) gewann die ominöse »Kopfzahl«, wörtlich vom amerikanischen »Headcount« übersetzt, eine sakrosankte Bedeutung. Immer öfter hörten wir von diesem »Headcount«: »Die Personalabteilung macht gerade wieder einen ›Headcount‹«, zählt also die Köpfe der regulären Mitarbeiter des Unternehmens, meist mit dem Hintergedanken, sie weiter zu reduzieren. Oder trotz Arbeitsüberlastung im Team bekommen wir keinen »Headcount«, die Genehmigung, einen zusätzlichen permanenten Mitarbeiter aufzunehmen. Unsere Manager haben die fundamentale Bedeutung dieser »Kopfzahl« erkannt. Sie wissen, dass es einer schweren Firmensünde gleichkommt, diese zu erhöhen, dass sie aber mit Lobpreis und Beförderung rechnen können, wenn sie viele Skalps abliefern.

Einige von uns können sich noch erinnern, dass es einmal umgekehrt war. Unternehmen und Manager hatten ihren Erfolg über wachsende Belegschaftszahlen definiert, bis weit in die 1990er-Jahre. Massenfreisetzungen dagegen waren ein Zeichen für ultimatives Konzernversagen. Heutzutage scheint sich das Management für wachsende oder auch nur stagnierende Mitarbeiterzahlen regelrecht zu schämen. In der steten Furcht, von den Meinungsbildnern am Markt dafür als schwach und ineffizient geprügelt zu werden. Fast nostalgisch erinnern wir uns an das – früher verpönte – Wort »Humankapital« als Bezeichnung für die Belegschaft. Es drückte wenigstens noch etwas aus, was für das Management einen Wert darstellte, den man pfleglich behandeln und langfristig behalten sollte.

Im Unternehmen beherrscht das kompromisslose »Kopfzahl«-Denken, das reguläre Mitarbeiter als lästige Kostenfaktoren sieht, die Kommunikation und die Entscheidungen des Managements. Wenn es sich um die maximalen Quadratzentimeter handelt, die pro Mitarbeiter an Büro zur Verfügung stehen dürfen, scheint die Produktivität der Bürofläche wichtiger als jene der Mitarbeiter. »Unser Ziel ist es, die Effizienz unserer Bürofläche zu optimieren«, teilte der Landesmanager mit, bevor er die Miete für eines der bisher belegten Stockwerke stornierte und die Teams sich in alle Winde zerstreuten. Das betrifft auch das Abschaffen von fixen Arbeitsplätzen mit eigenen Schreibtischen, die noch ein wenig Heimat bedeutet haben im Unternehmen. Heimat ist nur noch unsere Kostenstelle, durch die wir definiert werden. Ohne sie sind wir nichts, wie ohne Pass in einem fremden Land gestrandet.

Die implizite Botschaft ist immer eindeutig: »Ihr Mitarbeiter verursacht Kosten, ihr seid jederzeit ersetz-, versetz- und feuerbar. Was sich in euren Köpfen an Know-how, Erfahrungen und Kontakten befindet, zählt nicht.« Wichtig ist die Zahl der Köpfe. Auch wenn es das Management natürlich nicht offen zugibt, aber die gelebte Realität spricht für sich. Ein ungewöhnlich erfolgreicher Kollege hat einmal erzählt: »Mein Boss hat nicht einmal versucht, mich zum Bleiben zu überreden. Im Gegenteil, er war offensichtlich erleichtert, einen permanenten ›Kopf‹ weniger auf der Gehaltsliste zu haben.« Der Kollege musste sich denn zur Konkurrenz verabschieden.

Erst nach und nach wurde mir klar, dass nicht alle Kollegen, die im Großraumbüro Kopf an Kopf mit mir arbeiteten, für das Unternehmen als »Köpfe« zählten. Dank einer innovativen Arithmetik werden nur angestellte, reguläre Mitarbeiter in die »Kopfzahl« eingerechnet, nicht jedoch die rasch wachsende Zahl der »atypisch« Beschäftigten, die nicht auf der Gehaltsliste aufscheinen und deshalb auch jederzeit eliminiert werden können. Arbeitsbeziehungen, die mit längerfristigen Bindungen und Verpflichtungen einhergehen, waren unseren leitenden Managern ein Graus. Dem Beispiel des Managements gegenüber der Belegschaft folgend, entwickelten auch Kollegen eine neue Coolness gegenüber dem Unternehmen, für das sie in irgendeiner Form arbeiten. »Emotionen? Ja, gerne, wenn sie gut bezahlt werden!«

»Kopfzahl«-Massaker

Fraglos haben Massenfreisetzungen die allerschönste, schnellste Wirkung auf das Schmelzen der »Kopfzahl«.

Es war wieder einmal so weit. Überraschend kam es dieses Mal nicht. Mit weitreichenden strategischen Überlegungen zur Konzernzukunft hatte uns unser neuer CEO, in den Medien als Wunderwuzzi gefeiert, bisher nicht behelligt, aber jetzt kam er den Erwartungen der Analysten nach. Er lud zur virtuellen Mitarbeiterversammlung, die üblicherweise dem Massaker vorausgeht, und kündigte die Freisetzung von über zehntausend Mitarbeitern an. Er sagte, dies sei »der erste Schritt des Konzerns zur Realisierung seines vollen Potenzials gegenüber Kunden, Mitarbeitern und Aktionären«. Das spannendste und grausamste aller Unternehmensratespiele – wen es diesmal trifft – konnte beginnen. Für die Kunden hatten wir in den nächsten Monaten keine Zeit. Das wussten wir schon von den vorhergehenden Reduktionsrunden. Jetzt hieß es: Kopf einziehen, in Deckung gehen! Wie eine radioaktive Wolke würde sich die imposante Zahl der Hinauswürfe über alle Regionen und Geschäftseinheiten bis in den letzten Winkel des Konzerns verteilen. Wie dort der Wind spielt beim großen Freisetzen der Zufall eine maßgebliche Rolle.

Unsere Region wurde gut bedacht. Fast sechstausend Positionen müsse er streichen, teilte uns der regionale Boss mit. Noch war es eine abstrakte Zahl, noch war alles für die unteren Ränge relativ weit weg. Als Zielsetzung nannte er – wir hörten es mit

Erstaunen – »nachhaltiges längerfristiges Business und Wachstum«. Mit welchen Strategien und zusätzlichen Maßnahmen er dieses hehre Ziel erreichen wollte, ließ er unerwähnt. Oder ging er davon aus, dass Massenkündigungen automatisch zu Wachstum führen? »Lean & mean«, schlank und hinterhältig, wollen wir agieren nach der Radikaldiät, sagten unsere Manager, ohne uns mit Umsetzungsdetails zu belasten.

Ebbe in der Konzernkasse war nicht der Auslöser für den massiven Personalabbau. Davon konnten wir uns bei der Ankündigung der Quartalsergebnisse überzeugen: 15 Milliarden Dollar lagerten dort. »1,5 Millionen für jeden freizusetzenden Mitarbeiter«, rechnete ein Kollege vor. Aber der Konzern kaufte lieber Aktien um eine Milliarde Dollar zurück und kündigte an, demnächst weitere vier Milliarden dafür ausgeben zu wollen.

Am Anfang steht wohl meist ein schlichtes Rechenexempel aus einer Analystenfeder, wie etwa das Folgende: »Wenn Sie die Zahl der Mitarbeiter um fünf bis zehn Prozent kürzen, bedeutet das jährliche Ersparnisse von 750 Millionen bis zu 1,5 Milliarden oder 0.20 bis 0.40 Dollar pro Aktie und ein Potenzial von 1.80 bis 2.00 Dollar bei den jährlichen Ergebnissen pro Aktie, was sich wiederum in 7.1 Prozent bis 7.8 Prozent Umsatzrendite niederschlägt.« Das Caveat, dass organisatorisches Tohuwabohu und mangelhafte Umsetzung der Kürzungspolitik zu bescheideneren Resultaten führen könnten, pflegen die Konzernchefs meist zu unterschätzen, wie überhaupt die Lawine, die sie lostreten. Zu sehr schielen sie auf die obligate Steigerung der Aktienkurse, ihre Boni und Optionen sowie nicht zuletzt den eigenen Marktwert als harte Sanierer. »Er hat schon anderes hingezaubert«, schrieben bald die Analysten über unseren CEO. Wenn man als Mitarbeiter davon in den Medien liest, fragt man sich, was das denn wohl gewesen sein könnte.

Nachdem der CEO erst den Mitarbeitern und dann den Medien, oft auch in der umgekehrten Reihenfolge, die verwegenen Streichungspläne vorgelegt hatte, war das Management der nächsten Hierarchieebenen gefordert, die Massenfreisetzungen zu exekutieren. Aber erst musste klar sein, wer feuert und wer gefeuert wird. Das Job-Roulette begann sich zu drehen. Erst ernannte der CEO seine Vertrauten und wurde seine Kritiker los. Dann folgten die Manager der nächsten Ebene seinem Beispiel. Rationale Begründungen lassen sich immer finden. Wie bei Gladiatorenspielen beobachteten wir Mitarbeiter, zu dieser Zeit noch Zuschauer, für wen der Daumen nach oben oder unten ging, und es entstand eine neue heiße Welle von Spekulationen, was die Entscheidungen oben für unsere Chefs und unsere eigenen Positionen bedeuten könnten. Hat man auf das richtige Pferd gesetzt, die Nähe der »richtigen« Manager gesucht? Bekanntlich würde jeder der ausgewählten Bosse in weiterer Folge wieder die ihm loyalen Mitarbeiter mit Positionen in seinem neuen Team bedenken. Nie kommunizierten die Manager, deren Job zur Disposition stand, so eng mit uns Mitarbeitern, nie sah man sie so oft in den Bürogängen, nie waren sie so offensichtlich unsicher – bis sie in ihren Jobs bestätigt waren. Dann kehrte ihr elitäres Bewusstsein zurück und sie wurden zu unsentimentalen Exekutoren, erstellten ihre Listen mit den Kandidaten, die zur Disposition standen.

Als Leiter verschiedener Organisationen, Geschäftseinheiten, Regionen und Länder erhielten sie – in einem strengen Von-oben-nach-unten-Prozedere – ihre Reduktionsquoten und machten sich daran, diese effizient zu erfüllen. Nie habe ich eine offene Diskussion über die Sinnhaftigkeit dieser Vorgaben gehört. »Wir haben jetzt die Ziele für die Reduzierung der Arbeitskräfte in unserem Land bekommen«, schrieb der Landesmanager, der für einen dreistelligen Millionen-Dollar-Umsatz verantwortlich zeichnete, in einer Mail, als ob ihn ein Naturereignis getroffen hätte. Er stellte den Mechanismus nicht infrage, der ihm nicht einmal erlaubte, selbst zu entscheiden, wie viele Mitarbeiter er loswerden oder anstellen wollte, obwohl er seit Jahren mit seiner Organisation maßgeblich zu den Konzerngewinnen beitrug.

Auch der neu ernannte Verkaufsleiter für die Region, als früherer Finanzmanager ohnehin nicht anfällig für Emotionen, befolgte effizient die Spielregeln. Er führte die Befehle seines Bosses aus, ohne zu diskutieren. Wie sich die Entscheidungen auf die Verkaufsprozesse auswirken würden, interessierte ihn nicht übermäßig. Er konzentrierte sich auf die mögliche Kontrollspanne der neuen Chefs, die Wirkung auf »Kopfzahl« und Kosten. Was nicht in eine Excel-Tabelle hineinpasst, kann nicht wichtig sein, lautete seine Parole. Nur sein Vorgänger, der in der Hierarchie zurückgestuft wurde, machte sich Sorgen über die Folgen der Mitarbeiterreduktionen, noch dazu in einem Wachstumsmarkt. »Wenn man bedenkt, wie lange es dauert, neue Ressourcen aufzubauen. Wenn wir jetzt Positionen streichen, werden wir zudem später keinen neuen ›Headcount‹ bekommen. Außerdem dauert es etwa ein Jahr, bis ein neuer Mitarbeiter die Region versteht und von den Mitarbeitern in den Ländern anerkannt wird.« Aber auch er begnügte sich mit informeller Kritik in der Kantine, froh, dass er weiterhin einen Job hatte, wenn auch nicht den angestrebten, der ihm aufgrund seiner Erfahrungen und bisherigen Leistungen zugestanden hätte. »Er hat mit seinem Chef nicht können«, munkelten die Kollegen.

Verwundert beobachtete man als Mitarbeiter die Verrenkungen der Manager. Besonders jenen, die dank ihrer auch im Konzernalltag bewährten Chamäleonqualitäten bereits ein paar Abbaurunden überlebt haben und offenbar von ihrem stattlichen Firmengehalt besonders abhängig sind, um die teuren Privatschulen der Kinder und die beträchtliche Hypothek auf dem standesgemäßen Haus finanzieren zu können, gelingt es am besten, Begeisterung für die restriktiven Änderungen vorzutäuschen – bis zur Selbstverleugnung. Der Vizepräsident, der sein Team stark zusammenstreichen musste und dabei wesentliche Expertise verlor, sendete eine Botschaft an die durchgeschüttelten restlichen Musketiere. »Wir werden den Ball hier und jetzt aufnehmen, ich weiß, dass die Möglichkeiten in unserem Markt riesig sind und wir als Team ganz groß gewinnen können. Mit Eurem Einsatz und Engagement können wir es wahr machen.« Als ob nichts passiert wäre in der Zwischenzeit. Operative Manager, die weniger enthusiastisch waren und auf Zeit spielten, wurden von den Finanzmanagern unter Druck gesetzt, die Hinauswürfe durchzuziehen: »Was ist mit den ›Kopfzahl‹-Plänen und den Arbeitskräftereduktionszielen?«, mahnte ungeduldig der Controller den Verkaufsmanager eines Produktsegments, der nicht sofort auf die erste Aufforderung reagiert hatte.

Früher hatte ich die – zugegebenermaßen – naive Meinung, dass die Personalabteilung eines Unternehmens ihrem Namen entsprechend auf der Seite des Personals sein würde oder sich wenigstens um die Pflege und Entwicklung der Belegschaft, der »menschlichen Ressourcen«, kümmern würde. Jetzt weiß ich, dass dies nicht der Fall ist. Sie hätten auch gar keine Zeit dazu. Die Personalabteilung zählt Köpfe und ist ausgelastet mit dem Ausrechnen von kostengünstigen Kündigungsterminen und der Exekution der vorgegebenen Freisetzungen. Die Personalchefs mischen sich nicht ein und versuchen auch nicht, einzelne Mitarbeiter zu schützen, selbst wenn deren Leistung über die Jahre gut war. »Ich hoffe, die da oben wissen, was sie tun«, seufzte zwar eine Personalchefin, machte dann aber mit den Verabschiedungsvorschriften weiter. »Wie viel Freiraum habt ihr eigentlich, um von der Konzernlinie abzuweichen?«, fragte ein neugieriger Mitarbeiter, der das Unternehmen jedoch freiwillig verließ, die Personalchefin. »Nicht einen Millimeter«, sagte sie. Aber auch in der Personalabteilung funktionieren die Verdrängungsmechanismen in Zeiten des großen, undifferenzierten Aderlasses. Von ihrer Vision, »leitend den Weg zu bereiten für eine Organisation, die auf starke Leistung ausgerichtet ist und wo eine breite Palette an Fähigkeiten, Talenten und Perspektiven geschätzt und unterstützt wird«, ist sie Lichtjahre entfernt.

Wir Mitarbeiter gehen in Deckung. Wir suchen Schutz bei potenziellen Lehensherren und -herrinnen, von denen wir hoffen, dass sie das Blutbad im Unternehmen überleben und unsere Treue belohnen werden. Den steten Appellen der leitenden Manager an die Belegschaft, man solle die Kundenaktivitäten auch während der Personalkürzungen ungerührt fortführen, können wir kaum nachkommen. In solchen Zeiten können wir uns wirklich nicht auf äußere Ziele konzentrieren. Das wäre viel zu gefährlich. Und diese Zeiten dauern nicht Wochen, sie dauern Monate über Monate.

Wer die Welt der Konzerne nicht kennt, würde wohl davon ausgehen, dass in diesen scheinbaren Horten der Effizienz und Rationalität Massenfreisetzungen sorgfältig geplant und durchgeführt werden, dass die massive Jobabsaugung skalpellgenau den Speckgürtel des Unternehmens trifft. Man würde vermuten, dass das Management seinen Verlautbarungen folgen und alle »gebotene Rücksichtnahme« anwenden wird beim großen Aderlass. Nichts davon stimmt. Wie sagte doch unser CEO auf einer Mitarbeiterversammlung: »Es ist die einfachste Sache der Welt, Jobs wegzustreichen. Die schwerste Sache auf der Welt ist es, das in einer Art und Weise zu tun, dass man das Unternehmen optimal anpasst. Sogar wenn Sie die menschliche Dimension wegnehmen, was Sie niemals können, ist es immer noch harte Arbeit. Am einfachsten ist es, die Zahl festzulegen und die Leute einfach herauszupicken.« So geschah's denn.

»Quick and dirty«, schnell und schmutzig, geht das Massaker vor sich. Die »Kopfzahl« muss schnell und mit demonstrativer Härte reduziert werden. Das Management, die Analysten und die Wirtschaftsmedien fragen nur nach der Quantität, nicht der Qualität der Entlassungen. Die Kriterien für Entlassungen sind in der Regel subjektiv und nur selten nachvollziehbar. Sehr vereinzelt trifft es Kollegen, deren bürokratisches Wirken tatsächlich niemandem fehlen wird. Viel häufiger aber sind es die Gehirne und Muskeln des Unternehmens, die betroffen sind: die selbstständig denkenden Mitarbeiter mit Erfahrung.

Ein freigesetzter Kollege, der wegen seines Engagements und

seiner Serviceorientierung allseits beliebt war, wollte es genau wissen. Er suchte den Chef auf, der für seinen Hinauswurf verantwortlich war, und fragte ihn, was er denn so falsch gemacht habe, dass er hinausgeworfen werde. Er wolle für seine berufliche Zukunft dazulernen. Die Antwort lautete schlicht: »Du hast nichts falsch gemacht. Es gab keinen konkreten Grund für deine Kündigung. Ich bin lediglich mit dem Finger durch die Personalliste gegangen und habe beliebig Namen ausgewählt.« Was für eine Vorgehensweise in einem Unternehmen, das sich rühmte, die »klassenbeste Belegschaft« kreieren zu wollen. Der Manager, der diese Zufallsauswahl forcierte, wurde später selbst eliminiert und dann Vorstandsmitglied eines großen europäischen Konzerns. Dort verantwortet er das Personalwesen.

Auch der Verabschiedungsstil verdient durchaus das Wort »dirty«. Eine langjährige Mitarbeiterin, die sich kurz darauf in die Pension flüchtete, war entsetzt: »In 34 Jahren habe ich das nicht erlebt, wie man mit den Leuten umgeht. Meinem Chef hat man jemanden vor die Nase gesetzt, der keinerlei Erfahrung auf seinem Gebiet hat. Keiner von unserem Team wurde bestätigt. Alle hängen in den Seilen, werden nichts machen, die guten Leute werden gehen. Das ist eine gefährliche Situation für die Firma.« Mit den Opfern wird kaum geredet. Wer Glück hat, erfährt von seinem Rausschmiss persönlich und bevor die Nachricht per E-Mail an alle geht, oft aber nur ein paar Minuten vorher. Andere finden ihre Position nicht mehr auf dem neuen Organigramm und erfahren so, dass ihre Dienste nicht länger gebraucht werden. Wieder andere werden aufgefordert, ihre interne Bewerbung für einen anderen Job zu unterbreiten, der aber schon Wochen vorher jemand politisch Opportunerem zugesagt worden war. Manchen wird das E-Mail-Konto geschlossen, bevor sie die Möglichkeit haben, sich zu verabschieden, damit sie keinen Schaden anrichten können. Per E-Mail könnte man schließlich Tausende Adressaten über sein widriges Schicksal informieren. In Zeiten ständiger Personalmassaker interessiert sich aber ohnehin kaum noch jemand für das persönliche Schicksal der Kollegen und Stilfragen.

Dankbarkeit ist erwartungsgemäß keine Kategorie in diesem Umfeld. Der Abschied von Mitarbeitern ist eine sehr nüchterne Affäre ohne Sentimentalitäten – der Nächste bitte. Wenn ein über Jahrzehnte verdienter Mitarbeiter von seinem Teamleiter verabschiedet wird, klingt das dann etwa so: »Wir danken Gilles für seine Dienste und wünschen seinem Nachfolger das Allerbeste.« Eine unendliche Flut von Abschiedsbotschaften überschwemmt die Inboxes der Zurückbleibenden. »Vor einer Woche wurde ich noch als Champion gefeiert, jetzt bin ich freigestellt. Ich wünsche Euch allen viel Erfolg für die Zukunft und vor allem, dass das Unternehmen bald wieder so wird, wie es einmal war. Im Sinne eines besseren Arbeitsklimas, im Sinne der Kunden und im Sinne des Unternehmens wünsche ich allen redliche Besserung ;-) und eine erfolgreiche Zukunft.«

Reibungslos hingegen funktioniert der technische Teil des Abgangs. Dank der großen Zahl von Betroffenen hat die Personalabteilung den großen Rausschmiss geübt und seine Methoden standardisiert. Sie handhabt das weitaus professioneller als die Aufnahme eines neuen Mitarbeiters, was aber auch nur selten vorkommt. Umfangreiche Checklisten machen den Abschied zu einem Routineakt: 1. Notebook und Mobiltelefon zurückgeben, 2. Kreditkarte, 3. Firmenautoschlüssel ... und so weiter. Dann: »Raus!«

Die Stimmung ist mies. Die zahlreichen Abschiedsumtrünke, die leeren Schreibtische drücken auf das Gemüt. Wichtige Projekte der Abgebauten werden nicht mehr weitergeführt, berufliche Kontakte nicht mehr gepflegt. Die Nonchalance, mit der sich der Konzern von Schlüsselkräften trennt, ist atemberaubend. Gedankenlos verabschiedet man rare Produktentwicklungsexperten, langjährige Branchenspezialisten und gut vernetzte Marketingmanager. Erst später wird das Unternehmen versuchen müssen, so gut qualifizierte Fachkräfte wieder zu finden.

Auf der Flucht vor diesem frostigen Klima des Rückzugs, das den Mitarbeiter nur als Kostenfaktor behandelt und seine persönliche Leistung nicht anerkennt, gehen viele aber auch freiwillig. »Tom ist weg«, besagt eine schlichte E-Mail. Wiederum hat ein wichtiger Manager, der bis dahin erfolgreich ein wesentliches Produktsegment geführt hatte, den Konzern verlassen und ist zur Konkurrenz gegangen. »Mark ist weg«, »Mary ist weg«, »Rudolf ist weg«, »Kevin ist weg«, »Dominika ist weg«, »Tuncay ist weg«, »Mohamed ist weg«. Sie alle sind weg und hinterlassen in der Firma Lücken. Denn mit ihnen ist auch ihr Know-how weg, ihr Elan, ihre Erfahrung, viele von ihren Teamkollegen, ihre Geschäftspartnerkontakte, ihre Kundenbeziehungen. Und jetzt auch noch John, der wichtigste Kontakt zu einer der wichtigsten Organisationen weltweit. »Wiewohl dieses Marktsegment eine einzigartige Wachstumschance hat, muss ich mit Bedauern mitteilen, dass der Segmentverantwortliche, John, sich entschieden hat, das Unternehmen aus persönlichen Gründen zu verlassen.«

»Weiße Zonen« breiten sich aus im Unternehmen. Zonen der Ignoranz – frei von Wissen, Kompetenz, Erfahrung und Engagement. Das Unternehmen durchquert sie auf seinem Weg in die Mittelmäßigkeit. Es wird immer schwieriger, Fachleute im Unternehmen zu finden, die glaubhaft Kompetenz vermitteln, die unseren Verkäufern Sicherheit geben und Verkaufsprozesse beschleunigen. »Als Erstes haben sie die älteren Erfahrenen hinausgeworfen«, erinnert sich ein Firmenangehöriger an den Beginn der »Säuberungsaktion« durch das Beratungsunternehmen, das berühmt war, die »Produktivität« von Unternehmen zu heben. »Das hat gleich gut ausgeschaut in den Kosten. Leider hat man übersehen, dass sie diejenigen waren, die wirklich etwas von der Produktion verstanden hatten. Die Rezepte waren zwar dokumentiert, aber jeder erfahrene Koch hat dann seinen eigenen Zugang. So produzierte das Unternehmen für die nächste Zeit vorrangig Produkte zweiter Wahl.«

Viele Marktchancen können nicht mehr realisiert werden, weil es niemanden mehr gibt, der sich um sie kümmern könnte. Im Rahmen einer internationalen Konferenz wird als Fallstudie ein erfolgreiches Projekt im Erziehungswesen vorgestellt. Im Publikum sitzen internationale Repräsentanten von Regierungsorganisationen und sind offensichtlich beeindruckt. Sie stellen den Vortragenden eine Vielzahl von Fragen zum Projekt. Aber der Begründer des Projekts sagt resigniert: »Jetzt, da der Verkauf in Schwung kommt, habe ich keine Leute mehr, die diese Lösung planen und implementieren könnten. Auch wenn wir diese Projekte gewinnen würden, fehlen uns die notwendigen Ressourcen, um sie durchzuführen.« In der letzten Umstrukturierungsrunde war er gezwungen worden, sein ganzes Team in diesem Bereich aufzulösen, um die ihm vorgegebenen Kopfzahl-Reduktionsziele zu erreichen. Sein Boss, der Vizepräsident, der sich diesen Kürzungen nicht widersetzt hatte, versendet nach der Konferenz ein enthusiastisches Memo, in dem er als eines der wichtigsten Resultate seiner Treffen mit Regierungsvertretern bei der Konferenz vermerkt, dass fast alle Länder derzeit in ebendiesen Markt investieren wollen … Eineinhalb Jahre zuvor war just dieses Marktsegment als das strategisch wichtigste des Konzerns in der Region bezeichnet worden, und Teams wurden aufgebaut, um das Marktpotenzial besser auszuschöpfen. Nun werden sie, die eben die ersten Erfolge erzielten, wichtige Initiativen und Kontakte aufgebaut haben, wieder demontiert. Es ist ein kleiner »Kopfzahl«-Erfolg des Managements, aber ein großer Schaden fürs Unternehmen.

Kunden und Geschäftspartner verlieren ihre Ansprechpartner. »Wen um alles in der Welt kann ich in diesem Unternehmen noch ansprechen? Alle Leute, die wir kennen und auf die wir uns verlassen konnten, sind nicht mehr in ihrem alten Job«, heißt es von einem Vertriebspartner, der während einer Ausschreibung den Kontakt zur Firma sucht.

Mitarbeiter kritisieren in anonymen Meinungsumfragen »die

Stimmung in der Belegschaft, den Verlust von Toptalenten, komplizierte Prozesse, zu viele Änderungen und Inkonsistenzen« und stellen besorgte Fragen: »Aus unserer Gruppe haben in letzter Zeit viele Kollegen die Firma verlassen. Was tut das Management, um künftig wesentliche Teammitglieder im Unternehmen zu halten? Nach den zahlreichen Abgängen ist jeder irrsinnig beschäftigt und die Moral der Belegschaft ist am Boden. Werden Leute aufgenommen in den Bereichen, die derzeit unterbesetzt sind?« Nein, natürlich nicht, denn das Ziel wurde erreicht und das Management denkt nicht daran, die »Kopfzahl« wieder aufzustocken. Als kosmetische Gegenmaßnahmen schlägt es »persönliche Entwicklungspläne« vor. Jeder möge sich individuelle Ziele setzen und seinen Job klar definieren.

Viele Mitarbeiter wissen zwar, was falsch läuft, aber nur wenige wagen, es laut zu sagen. Ein mutiger Kollege wagt sich aus der Deckung und stellt bei einem Mitarbeitertreffen kritische Fragen, die sich eigentlich das Management stellen sollte: »Wenn Mitarbeiter ›Kostenreduktion‹ hören, denken sie sofort an Massenfreisetzungen. Niemand wird bestreiten, dass es wichtig ist, die Kosten möglichst tief zu halten. Aber das Erzielen von Umsätzen ist der wichtigste Schritt, um Profite zu machen. Oft scheint es aber so, als ob das Management Mitarbeiter freisetzt, weil man nicht weiß, wie man sie produktiv einsetzen kann. Wenn man bedenkt, dass die Einstellung, das Training und das Loswerden von Leuten eine teure Angelegenheit sind, wäre es dann nicht besser für unser Unternehmen, mit den derzeitigen Mitarbeitern neue Marktchancen zu realisieren?«

Die Kosten für den Personalabbau sind hoch. Sie gehen noch weit über die schon enormen direkten Kosten für gesetzliche Abfindungen und die freiwilligen »Abschiedspakete« hinaus, die allein in unserem Konzern dreistellige Millionen-Dollar-Beträge pro Quartal ausmachten. Aber Kollateralschäden nimmt das Management nicht wahr.

Das Unternehmen präsentierte sich nach den vielen Entlassungsrunden keineswegs wendiger und effizienter als vorher. Im Gegenteil, es ging schwer lädiert und erschöpft daraus hervor. Solche Veränderungen entwickeln eine eigene Dynamik, die nicht beherrschbar ist. Dem Unternehmen verbleiben nicht nur die besten Köpfe. Der Verlust an Wissen und Kompetenzen ist – auch wegen der vielen ungeplanten Abgänge – immer höher als erwartet. Wichtige Positionen blieben verwaist zurück oder wurden jemandem aufgebürdet, der ihnen nicht gewachsen war. Gute Geschäftsmöglichkeiten wurden verpasst. Die Crashdiät führte nicht zur erhofften Idealfigur, sondern nur zu einer Umverteilung der Fettpolster. Die meisten blieben jedoch an den falschen Stellen zurück. Die verbleibenden Mitarbeiter waren ängstlich, erschöpft oder mit Firmenpolitik beschäftigt. Die Unternehmensführung glaubte, dass nach den brutalen Kürzungen und tiefen Verletzungen der Betrieb nun einfach vom Schneide- auf den Wachstumsmodus umlegen könne. Das war naiv. Massenfreisetzungen sind nicht das probate Mittel, um ein Unternehmen an die Marktspitze zu führen. Es wird mit schwachen Motoren dahindümpeln. Gewiss, es werden Personalkosten wegfallen, aber mit ihnen auch die Wettbewerbsvorteile, die die »Verursacher« dieser Kosten erzeugt haben.

Wenn Manager keine besseren Ideen haben, wie sie das Unternehmen erfolgreich führen und das Mitarbeiterpotenzial optimal nutzen können, sind Massenfreisetzungen ein einfaches und probates Mittel, die eigene Unfähigkeit zu kaschieren und Effektivität vorzutäuschen. Solange es noch reicht, Mitarbeiter in Massen loszuwerden, um die Aktienkurse nach oben zu bringen und dadurch den Marktwert zu erhöhen, werden solche Scheinmaßnahmen weiterhin praktiziert werden. Wer eine passende Ausrede suchte, führte erst die Globalisierung und später die Krise an. Peter F. Drucker hätte das nicht durchgehen lassen. Für ihn war »Management mit Blasebalg und Fleischhacke«, das erst beliebig Mitarbeiter einstellt und dann wieder hinauswirft, ein »sicheres Zeichen für Konfusion. Es ist das Eingeständnis von

Inkompetenz, ein Zeichen, dass das Management nicht weiß, wie man plant.«

Mehr »Hüte« für weniger Köpfe

Durch die vielen Abgänge von Mitarbeitern werden viele, auch Erfolg versprechende Aktivitätsfelder nicht mehr bestellt, andere irgendwie weitergeführt. Gleichzeitig nimmt die Arbeitslast mit der steigenden Zahl der Kontroll- und Berichtsaktivitäten zu. Aber das leitende Management wacht wie ein Zerberus darüber, dass die »Kopfzahl« nicht wieder anschwillt. Anträge auf Einstellung eines neuen permanenten Mitarbeiters müssen einen Genehmigungsmarathon über mehrere hierarchische Ebenen, manchmal bis hinauf zum CEO, durchlaufen und werden nur in den seltensten Fällen bewilligt, egal, wie viel Sinn die angefragte Position geschäftlich machen würde. Manchmal werden aber auch sinnlose Ausnahmen gemacht. So erzählte mir ein Manager, dass er einen neuen wichtigen Verkäufer nicht einstellen darf, während ein Controller zusätzliche Kräfte permanent anstellen konnte, um die ohnehin winzigen Einkaufs- und Marketingbudgets noch strenger überwachen zu können. Für die Aussicht auf mehr Kontrolle haben sie immer ein offenes Ohr, die Oberen. Aber im Allgemeinen fürchten die Konzernchefs langfristige Neueinstellungen wie der Teufel das Weihwasser. Also suchen ihre Untergebenen nach Strategien, die Belegschaft zu strecken. Dabei stehen drei Möglichkeiten zur Verfügung: 1. Mehr aus den vorhandenen Köpfen herausholen, 2. Neue Köpfe engagieren, ohne sie als Köpfe zählen zu müssen, 3. Aufgaben und Köpfe auslagern.

Um mehr aus den vorhandenen Köpfen herauszuholen, bedient sich der Konzern einer besonders korrekten und beliebten Lösung: zusätzliche Lasten werden auf die Schultern der übrig gebliebenen Mitarbeiter verteilt. Die verwaiste Funktion, das abgebrochene Projekt, das nicht mehr betreute Verkaufsgebiet wird einem vorhandenen Mitarbeiter anvertraut, auch wenn dieser vielleicht schon unter der bisherigen Arbeitslast ächzte. Zunächst kann das guten Erfolg bringen, denn die Kollegen fühlen sich durch die Anerkennung geehrt und in ihrer Bedeutung bestätigt. Sie strecken sich eifrig nach der Decke, um den hohen Erwartungen zu entsprechen. Die Produktivität steigt. Aber dann obsiegt, wie so oft, die Gier über den Hausverstand und die Verantwortlichen übertreiben den kostensparenden Zugang. Die mangelnde Bereitschaft, in zusätzliche Mitarbeiter zu investieren, führt zu bizarren Kombinationen von mehreren Vollzeitjobs in einer Person. Manche Mitarbeiter tragen diverse »Hüte« und sind zudem zwei oder drei Bossen zu Diensten. Kein Mensch kann diesen Multi-Jobs innerhalb der verfügbaren täglichen 24 Stunden gerecht werden. Wer es dennoch versucht, wird zum Zyniker oder Nervenwrack. Aber trotz besseren Wissens spielen die Zuteiler und die Beteiligten aus Karrieregründen mit und tun so, als ob das möglich sei.

So wird beispielsweise dem viel beschäftigten Manager eines großen Landes zusätzlich noch ein wesentliches Marktsegment für die gesamte Region aufgebürdet. »Gestern habe ich wieder bis zwei Uhr morgens gearbeitet«, seufzt der besagte Manager am Telefon. Noch versucht er verzweifelt, beide Positionen auszufüllen, was aber von vorneherein nicht möglich ist, wenn man seine Arbeit halbwegs ordentlich macht. Natürlich erwarten seine zwei Vorgesetzten für beide Jobs dynamisches Wachstum. Solange dem Schein Genüge getan ist und beide Positionen auf dem Papier besetzt sind, kümmert es die Beteiligten wenig, dass wegen einfacher Überlastung nur ein kleiner Teil des Marktpotenzials realisiert werden kann. Und so wird die Entwicklung eines Marktes der Kopfzahl-Paranoia geopfert. »Die Firma war offenbar der Meinung, dass ich mit meinen zwei bisherigen Vollzeitjobs noch nicht ausgelastet bin, und hat mir noch einen dazugegeben«, stellt ein anderer Kollege resigniert fest.

Das kann in der Praxis nie funktionieren, dachte ich mir, als ich folgende E-Mail las: »Wir gratulieren dem neuen Chef des Teams für Spezial-Services. Er wird die Funktion des Chefexperten, der zum Generaldirektor der Region berichtet, mit seiner Rolle als betrieblicher Leiter kombinieren, wobei er in dieser Rolle dem Services-Vizepräsidenten unterstellt ist. Zusätzlich wird er bis auf Weiteres als Projektmanager in seinem eigenen Team agieren.« (Und damit quasi an sich selbst berichten.) Wie wird der Inhaber dieser Jobs dieses schizophrene Szenario wohl handhaben?

»Ich bin so erschöpft! Bin nur einen Kaffee holen gegangen, und als ich an meinen Schreibtisch zurückkam, waren da wieder zwanzig Anfragen zur Genehmigung«, seufzt eine Produktmanagerin. Sie arbeitet freiwillig zwei »Schichten«: die erste im Büro und die zweite nachts oder an Wochenenden daheim, um Anfragen aus anderen Zeitzonen umgehend bearbeiten oder an interkontinentalen Telefonkonferenzen teilnehmen zu können. Dadurch fehlt ihr – neben vielem anderen – auch die Zeit, um Kunden zu treffen und so mehr über deren Erwartungen und Feedback zu den Produkten zu erfahren, die sie vertreibt.

Karrierebewusste Kollegen zeigten sich – zumindest schriftlich – als eifrige Jünger des Stretch-Zugangs, beispielsweise wenn sie die ehrgeizigen Ziele der neuen Organisation ihrer Abteilung vorstellen: »Mehrere der neuen Rollen sind kompakt und ›doppel-hütig‹ angelegt. Wir werden von der überragenden Motivation angetrieben, eine schlanke, aber hoch effiziente Organisation zu sein.« Diese Motivation war gewiss vorhanden, aber der Erfolg blieb bescheiden. Wesentliche Geschäftsinitiativen, Schlüssel zu strategisch wichtigen Marktsegmenten, wurden nicht mehr weitergeführt.

Die Mehrzahl der Mitarbeiter war erschöpft von den unzähligen Runden von Umstrukturierungen, dem Personalabbau und der daraus resultierenden zusätzlichen Last auf ihren Schultern. Aber die Angst hält sie auch auf Kurs. In anonymen Mitarbeiterbefragungen ist die »Sorge um die Job-Sicherheit« stets das Thema Nummer eins. Ein Kollege schrieb: »Ich bin beunruhigt, weil es Gerüchte gibt, dass unser CEO ein Vollstrecker ist, der weiter Belegschaft und freiwillige Sozialleistungen streichen wird. Es ist so schwer, in einem Umfeld zu arbeiten, wo man nicht weiß, ob man nächsten Monat noch einen Job haben wird, während die ständige Bedrohung von Belegschaftskürzungen über einem schwebt.« So sagen viele und schuften weiter.

Zusatzköpfe, die nicht als Köpfe zählen und die man schnell wieder loswerden kann

In der Marketingabteilung fehlten dringend benötigte Arbeitskräfte. Der Landesmanager verliert die Geduld und stellt klar, dass er die ihm auferlegten Wachstumsziele ohne professionelles Marketing nicht mehr erreichen kann. Er fordert die Anstellung eines Marketingmitarbeiters. Auf den entsprechenden »Headcount«-Antrag bei der regionalen Personalabteilung antwortet die Personalchefin: »Ich sehe wenig bis null Chancen, diese Position genehmigt zu bekommen. Wir müssen alternative Szenarien entwickeln, um den anfragenden Manager zu unterstützen.« Über den Umweg einer Personalagentur wird ein sogenanntes atypisches Arbeitsverhältnis begründet, eines von vielen. Es entsteht eine Parallelbelegschaft.

Wir lernen immer neue Arten von Mitarbeitern kennen. In diesem Bereich scheint die Kreativität unerschöpflich. »Contingent worker« nennen sie die Amerikaner, Beschäftigte, »die keinen expliziten oder impliziten Vertrag für ein permanentes Arbeitsverhältnis haben oder die nicht erwarten, dass ihr Job von Dauer ist oder die ihren Job als zeitweilig angeben« (Definition US-Arbeitsministerium). »Bedingt, eventuell, zufällig, möglich, ungewiss, gelegentlich«, sagt das Wörterbuch für »contingent«. Von atypischen Arbeitsverhältnissen sprechen wir, die »prekäre«

Jobs schaffen, was auch nicht sehr stabilitätsverheißend klingt. Prekär kommt laut Duden von »durch Bitten erlangt, widerrufbar«. Eine Prekarie war im Mittelalter ein auf Widerruf verliehenes Gut. Arbeitskraft auf Abruf für kurzfristige Bedürfnisse und ohne längerfristige Ansprüche scheint den Chefs der optimale Ausweg aus dem »Kopfzahl«-Dilemma. Der Eigentümer einer erfolgreichen Personalverleihagentur, die eng mit dem Unternehmen liiert ist, bestätigt, dass das »Kopfzahl«-Argument das bestimmende Entscheidungskriterium für die prekäre Arbeit darstelle, nicht die Arbeitskosten. Sie werden dadurch manchmal sogar höher für die Unternehmen. Also füllt ein zunehmend buntes Völkchen, in verschiedene Mäntelchen gekleidet, die Flure: zeitweilige Agenturmitarbeiter, externe temporäre Arbeitskräfte, »PermaTemps« (permanent Temporäre), geleaste Mitarbeiter, neue Selbstständige, freie Dienstleister, Mitarbeiter mit befristeten Verträgen, ausgelagerte Mitarbeiter, Praktikanten, ewige Studenten etc. Die schädlichen Folgen dieser kurzfristigen Personalpolitik sind beträchtlich und werden wie immer von den Entscheidungsträgern ignoriert.

Wenn man unter stetem Zeitdruck professionelle Ergebnisse liefern muss, fürchtet man die Flüchtigkeit und den raschen Wechsel der prekären »Zulieferer« von internen Serviceleistungen. Sie machen jeden Routinejob zum Aufreger. Jedes Mal ein unverbindlich freundliches, neues Gesicht, dem man jedes Mal alles wieder von vorne erklären muss, jedes Mal dieselben Fehler. Jedes Mal auf Kosten der knappen eigenen Zeit und der Effizienz der geplanten Aktivitäten.

Die Webseite für unsere Kampagne muss nach mehreren Anläufen am nächsten Tag endlich funktionieren. Ich beknie das prekäre Mitglied des Webteams im Haus. »Aber morgen ist mein freier Tag, da bin ich an der Uni«, ist die Antwort meines gerade aktuellen Projekt-Ansprechpartners, »mein Kollege wird übernehmen.« Ich erkenne, dass es sich hier um einen systemimmanenten Fehler handelt, nicht um ein individuelles Versagen. Also beherrsche ich mich und erkläre die Aufgabe einem weiteren hoffnungsvollen jungen Mitarbeiter, der natürlich wieder in dieselben Fußangeln gerät, auf die ich schon alle seine Vorgänger hingewiesen hatte. Studenten, häufig Inhaber atypischer Arbeitsverhältnisse, pflegen ihre Prüfungen just dann zu haben, wenn im Konzern der größte Zeitdruck herrscht. Viele studieren zudem ewig, weil sie ohnehin keinen regulären, permanenten Job in Aussicht haben und bei einer anderen Firma auch wieder nur als Praktikanten anheuern können. »Unser Team ist eine Gruppe von Leuten beim Unternehmen XX, die für das Unternehmen XY arbeitet. Wir sind alle Mitarbeiter einer Personalleasingfirma. Wir arbeiten auf Auftragsbasis und verrechnen unsere Zeiten auf eine Kostenstelle der lokalen Unternehmensniederlassung«, gibt die Teamleiterin als Grund dafür an, warum sie der Bitte eines ausländischen Kollegen nach einer Serviceleistung nicht nachkommen kann.

Die Personalexpertin, mit vier Jahren Unternehmenszugehörigkeit die Dienstälteste in der Abteilung, hat gekündigt. Sie hat es nicht länger ausgehalten. Ähnliches hat sie in ihrem beruflichen Leben noch nie erlebt, sagte sie, ein totales Chaos, ein schwarzes Loch, unmöglich, die Füße auf den Boden zu bekommen, auch wenn man rund um die Uhr arbeiten würde. Die Leute für die wichtigsten täglichen Aufgaben sind alle Mitarbeiter auf Kurzzeit und kennen die Prozesse nicht, klagte sie und verließ das Unternehmen endgültig.

Umgekehrt können manche der atypisch Beschäftigten nicht einmal mit einem Minimum an Planbarkeit rechnen. »Wenn sie mir wenigstens gleich gestern während der Arbeit gesagt hätten, dass meine Tätigkeit in der Kantine vorbei ist, dann hätte ich meine Sachen gleich mitnehmen können. Aber jetzt muss ich an den Stadtrand fahren, um dort meine Sachen abzuholen«, lässt ein junger Mann seinem Ärger im Bus freien Lauf. Wenn es keine Personalplanung gibt, dann müssen eben die prekären Arbeitskräfte flexibel sein.

Das Damoklesschwert der Nicht-Verlängerung schwebt über allen temporären Arbeitsverhältnissen. Der Berater, dessen Vertrag Ende des Monats ablaufen wird, weiß noch nicht, ob und wie lange er verlängert wird. Sein Boss hat ihm zwar versichert, dass er verlängert werde, aber er bezweifelt, dass sein Boss überhaupt Vertragsverlängerungen unterschreiben darf. Und dann ist da immer noch die Möglichkeit, dass das oberste Management kurzfristig entscheidet, es solle überhaupt keine Zeitverträge mehr geben, oder zumindest jetzt nicht. Er sagt, er geht durch ein langes Tunnel und weiß nicht, ob jemand mit einem Messer in der Dunkelheit wartet. Ein anderer Kollege schreibt erleichtert: »Ich kann weitere zehn Monate bleiben.« Die Freude war aber nur kurz. Denn dann konnte sein Vertrag aus rechtlichen Gründen nicht mehr erneuert werden. Eine fixe Stelle kann nicht gefunden werden für ihn und er muss das Unternehmen endgültig verlassen, mit all seinem Wissen und den guten Kontakten inner- und außerhalb des Unternehmens, die er in den letzten Jahren aufgebaut hat.

So hat denn die Flexibilität zwei Seiten. Während sich die atypisch Beschäftigten gezwungenermaßen emotionslos den schwankenden Bedürfnissen der Unternehmen anpassen, müssen die permanenten Mitarbeiter geduldig den Umgang mit einem ineffizienten System ertragen, das viel verlangt und wenig bietet. Für die Produktivität der Firma ist dies nicht von Vorteil. Ein prekär Beschäftigter beschreibt diese Zwiespältigkeit so: »Ich fühle mich nicht als Mitarbeiter der Agentur, die mich angestellt hat, aber ich bin auch kein Mitarbeiter des Unternehmens, für das ich hier arbeite.« Er wird bald dreißig, studiert offiziell noch und hantelt sich von einem atypischen Firmenjob zum nächsten. Die Aussicht auf eine fixe Anstellung, die seiner Ausbildung entsprechen würde, ist gering.

Ein unsichtbarer Zaun geht mitten durch die Firma. Die Arbeitskräfte sind mehr oder weniger zufällig auf der einen oder anderen Seite verteilt. Obwohl sie Schulter an Schulter arbeiten, haben sie unterschiedliche Leistungsansprüche und Zugänge zu den internen Firmensystemen. Der prekäre Teil kann weder an den Entwicklungs- und Trainingsprogrammen teilnehmen, noch darf er Produkte oder Services im zentralen Beschaffungssystem bestellen oder Reisen übers zentrale Reisebuchungssystem buchen. Variable Mitarbeitergratifikationen oder Aktienoptionen sind nicht vorgesehen für die Prekären, auch keine freiwilligen Sozial-»Pakete« beim schnellen Abschied. »Nach mehr als zehn Jahren Arbeit im Unternehmen habe ich keinen Cent zum Abschied bekommen«, beklagt sich eine langfristige prekäre Mitarbeiterin. Ihre direkt angestellten Leidensgenossen, ebenso wie sie ein Opfer der letzten Personalabbaurunde, erhielten immerhin freiwillige Abfindungen.

»Wir fühlen uns wie Bürger zweiter Klasse«, bekennt eine sehr populäre, aktive und für ihre Position überqualifizierte Assistentin in einem raren schwachen Moment. Sonst hält sie tapfer den Schein aufrecht. »So viele Dinge sind uns verwehrt, fast nichts geht ohne Genehmigung des Managers, das ist demotivierend«, beklagt ein weiterer nicht-angestellter Kollege das restriktive Szenario kurz vor seinem Abschied, der durch eine Budgetkürzung beschleunigt wurde. Am Telefon storniert eine andere temporäre Arbeitskraft im Großraumbüro die Bestellung ihres neuen Autos. Die Jobsituation war ihr doch zu prekär für eine Anschaffung der größeren Art. Wäre es ein Wunder, wenn da Bitterkeit gegenüber den Privilegierten aufkäme? Aber meist zeigen die Zweite-Klasse-Beschäftigten diese Gefühle nicht, damit ihre Jobs nicht zusätzlich gefährdet werden. Für einige Zeit erschien der inferiore Status der Nicht-Angestellten sogar in den E-Mail-Adressen (Name@Nicht-Firma) als Stigma, das demotivierend für die Betroffenen war, deren Loyalität zu einem Unternehmen, das sich weigert, sie anzustellen, ohnehin schon strapaziert war. Außerdem wurden so auch Kunden, Partner und Lieferanten irritiert.

Oft wird die Aussicht auf ein direktes Angestelltenverhältnis über Jahre als Karotte vor die Nase der Prekären gehalten, wenn sie hart arbeiten und sich gut anpassen, aber meist ändert sich die restriktive Kopfzahl-Politik nicht und der prekäre Status bleibt. Frustration macht sich breit. Ein Landesmanager beschwor einmal das zuständige Personalteam, den bereits dreijährigen Temporär-Status seiner Marketingmanagerin in eine permanente Position zu konvertieren. Sie galt als eine der besten Marketingfachleute im Land und wurde von Headhunting-Agenturen kontaktiert. Die Personalabteilung reagierte aber nicht auf diesen Appell. Ein halbes Jahr später verließ die Marketingmanagerin das Unternehmen und wurde bei der Konkurrenz Direktorin des Kommunikationsteams. »Für so wenig Geld hatten wir soviel Professionaliät«, seufzte ihr früherer Boss, »jetzt haben wir einen dreifachen Schaden, wir haben jemand Erfahrenen und Engagierten verloren, müssen Zeit und Geld investieren, um jemanden wieder auf ein qualitatives Durchschnittsniveau zu bringen, und wir haben die Konkurrenz gestärkt.«

Das Bewusstsein, prekäre Mitarbeiter jederzeit wieder loswerden zu können, verleitet zu einem saloppen Umgang bei der Planung der Jobs und der Einstellung der Prekären. Assistentinnen der leitenden Manager bestellen eigene Assistentinnen, der Finanzchef der Region beschäftigt eine stattliche Zahl zusätzlicher Analysten für die unzähligen Berichtsanforderungen, Praktikanten füllen ohne großes Aufhebens Positionen im Wissensmanagement und in einer Konzernniederlassung wird bereits die Hälfte der Beschäftigten von einer Agentur gestellt, auch für Schlüsselpositionen wie Techniker und Verkäufer. Sie sind zum Teil nicht einmal im Konzern-Personalverzeichnis sichtbar, Arbeitsplätze und Computer wurden für sie folglich nicht vorgesehen. Sie leben in einer Schattenwelt des Konzerns. Wieder andere prekäre Arbeitskräfte sitzen nach ihrem Arbeitsbeginn wochenlang gelangweilt herum, weil sich niemand darum kümmert, ihnen eine E-Mail-Adresse einzurichten.

Trotzdem wächst die Zahl der prekär Beschäftigten schnell.

»Wir haben um viele Tausende Mitarbeiter mehr, als unser CEO glaubt«, erzählte ein Insider jovial in der Kantine. Irgendwann kommt sogar die Geschäftsleitung drauf, dass die Zahl der atypischen Mitarbeiter rasant zugenommen hat und reagiert mit einem neuen Genehmigungsprozess. Der oberste Finanzchef des Konzerns wird nun entscheiden, welche personelle Unterstützung jeder einzelne Manager braucht.

Die Administration der atypisch Beschäftigten und ihrer Zulieferagenturen obliegt nicht der Personalabteilung, sondern dem Einkauf. Nach der Genehmigung durch die Personalchefs können prekäre Mitarbeiter über das zentrale Beschaffungssystem »bestellt« werden. Wichtig ist der passende Bestellcode. »Wir möchten Sie darauf hinweisen, dass es absolut notwendig ist, den richtigen Code auszuwählen, um es unserem Unternehmen zu ermöglichen, die damit verbundenen Risiken wie Co-Beschäftigung effektiv zu managen. Daher fordern wir Sie auf, sich die Definition eines Agentur-Kontraktmitarbeiters genau anzuschauen, um ein klares Verständnis zu haben«, verlangen die professionellen Einkäufer. In Fällen der Rechtsdoktrin »co-employment« sind nämlich beide, Personalagentur und Unternehmen, gemeinsam für rechtliche Ansprüche, die von diesen Mitarbeitern eingebracht werden, haftbar.

Als Vorgesetzte eines nicht angestellten Praktikanten verfolgte ich das Entstehen eines bürokratischen Apparats zur Kontrolle der »anderen« Belegschaft. Eine Webseite über die »Prekäre Arbeitskräfteorganisation« gibt alle Antworten, wie man sich die temporären Dienste der prekären Arbeitskräfte sichern kann, welche Regelungen und Prozesse einzuhalten sind. Ein Personalinformationssystem wird installiert, um Manager zu alarmieren, sobald der Vertrag ihrer prekären Mitarbeiter abläuft, und gibt Auskunft, wie sie ihn verlängern können und was passiert, wenn sie das »Ablaufdatum« nicht verlängern: »Wenn in diesem System nicht die entsprechenden Daten eingesetzt werden, schaltet der Computer die IT-Services für die prekären Arbeitskräfte ab.«

Ohne Computer-Konto und E-Mail kann man im Konzern nicht existieren. Die Einkaufsabteilung wurde durch die neue Aufgabe der Personalbestellungen überlastet und engagierte eine Personalagentur für temporäre Arbeitskräfte, um die zuliefernden anderen Temporäragenturen zu koordinieren. Die koordinierende Agentur war aber mit einer der koordinierten Agenturen verbandelt und hat vorzugsweise Arbeitskräfte aus ihrer eigenen Mutter-Agentur rekrutiert.

Das Auslagern von Köpfen

Gegen Ende der 1990er-Jahre hörten wir zum ersten Mal von »Shared Services«, zentralisierten Dienstleistungen zum Teilen, Outsourcing, Offshoring. »Die Länderorganisationen werden von gewissen lokalen Aufgaben ›entlastet‹, um sich zukünftig voll auf den Verkauf und ihre Kunden konzentrieren zu können«, versprach der Generaldirektor. Das klang gut. Aber wir hatten ja noch keine Ahnung, was da auf uns zukam.

Die Verantwortlichen begründen das Auslagern mit Kostenreduktion. So gut wie immer begleiten große Personalabbauwellen die großen Auslagerungsprojekte und reduzieren die »Kopfzahl«. Aber durchs Outsourcing entstehen hoch komplexe Kommunikationsstrukturen mit den verstreuten Satellitenfirmen, die mit vitalen Dienstleistungen betraut wurden. Gut funktionierende interne Strukturen werden zerstört und effiziente Pfade werden ersetzt durch bürokratisch gesteuerte neue Fernmodelle. Nervenaufreibend sind die Folgen. Schließlich denken die Entscheidungsträger vor allem an die »Kopfzahl«– und Kostenentlastung und nicht an die internen und externen Kunden, die vom Outsourcing gut bedient werden müssen. Stattdessen müssen wir Permanente laufend neue Probleme bewältigen und Überstunden machen. Aber unsere Zeit zählt offenbar nicht.

»Bevor ich in Pension gehe, werde ich eine Botschaft an unseren CEO schicken, um diese Scheinheiligkeit aufzuzeigen und ihm die Augen zu öffnen, wie viel Geld dieses Outsourcing wirklich kostet. Sie produzieren nur Scheiß, diese Leute auf der anderen Seite der Welt. Wenn jemand nachrechnen würde, was die wirklichen Kosten sind ... Jeder Antragsteller muss drei E-Mails schicken, bis etwas funktioniert ...«, lamentiert die langjährige Mitarbeiterin in der Beschaffungsabteilung, deren Aufgaben kürzlich teilweise nach Bangalore ausgelagert wurde.

Es begann mit einem simplen Kaufantrag. Ich brauchte eine Dienstleistung und brachte den Antrag ins zentrale Beschaffungssystem ein. Das System weigerte sich, den Namen des Lieferanten zu erkennen, obwohl die Firma auf meinen Antrag hin vor nicht allzu langer Zeit »aufgesetzt« worden war. Ich involviere also das lokale Beschaffungsteam vor Ort, das den Fall an das Beschaffungskundenservicecenter vom Globalen Elektronischen Geschäftscenter in Bangalore weiterleitet. Die Antwort von dort: Der Lieferant ist in der Lieferantendatenbank vorhanden, aber für das zentrale Beschaffungssystem nicht verfügbar. Ich muss erneut ein Formular ausfüllen und einbringen, das sogenannte Lieferantenwiedereinsetzungsformular, um die Gültigkeit des Lieferanten zu verlängern. Ich schicke eine E-Mail an das Beschaffungskundenservicecenter und sage, dass ich erst vor ein paar Wochen ein solches Formular ausgefüllt habe und dass ich eine gestresste Person bin, die keine Zeit damit verbringen kann, überflüssige Formulare mehrmals auszufüllen. Es folgt ein Anruf aus Bangalore. Das ist ein seltenes Vorkommnis, denn meist werden nur E-Mails geschickt. Man erklärt mir das Verschwinden des Lieferanten aus dem Beschaffungssystem mit der Anordnung des zentralen Konzernfinanzteams, das eine gewisse Zahl von Lieferanten aus dem System entfernt haben will, und zwar auf Zufallsbasis, ohne irgendjemanden darüber zu verständigen. Mir wird klar, dass es keinen Sinn hat, das Team in Bangalore zu beschimpfen, denn es führt nur Befehle aus. Ich fülle also das erforderliche Formular aus und bringe es wieder ins

System ein. Nun involviert das Beschaffungskundenservicecenter das ebenfalls ausgelagerte Lieferantenaufsetzteam, um den gesperrten Lieferanten wieder zu aktivieren. In der Zwischenzeit war das in Spanien ansässige Beschaffungsadministrationsteam ebenfalls aktiv geworden, indem es das Lieferantenaufsetzteam aufforderte, die Blockade des Lieferanten zu beenden. Aber der Lieferant war ursprünglich unter einem um Nuancen verschiedenen Namen eingegeben worden und sie verlangen daher, dass der Antragsteller eine Bestätigung des Lieferanten über den richtigen Namen anfordert und den Antrag erneut unterbreitet. Das lokale Beschaffungsteam verliert jetzt zu Recht die Nerven, hat eine stundenlange Besprechung mit dem Manager über diese Wiederholungsübungen (»wenn die rechte Hand nicht weiß, was die linke tut«) und bestätigt mir, dass niemand von mir verlangen kann, erneut ein Formular auszufüllen. Nach über zwanzig E-Mails, die elf Leute aus sieben verschiedenen Abteilungen in vier Ländern beschäftigt haben, und nach diversen Telefonaten konnte ich endlich meinen Kaufantrag einbringen.

Die ausgelagerten Teams werden darauf trainiert, die Anordnungen der zentralen Erbsenzähler einzuhalten. Mehrere ausgelagerte Teams steigen einander auf die Zehen und vermehren mit der Überlappung ihrer Aufgaben die Leiden ihrer Opfer, der internen Kunden, die einen großen Teil ihrer spärlichen Zeit für Routinetransaktionen verschwenden. Doch niemand protestiert. Jeder ist sich bewusst, dass Outsourcing eines der Lieblingsprojekte des Topmanagements im Allgemeinen und des Finanzmanagements im Besonderen ist, und niemand will den Allmächtigen melden müssen, dass ihr Steckenpferd nicht galoppiert.

Der viel beschäftigte Anwalt eines Consulting-Unternehmens hatte ein Computerproblem und brauchte fachmännischen Rat. Er erzählte mir: »Jetzt haben sie unsere Helpline nach Indien verlegt. Ich war über eine Stunde lang am Telefon und versuchte mein Problem zu erklären. Wir verstanden uns gegenseitig kaum. Nach einer Stunde gab ich auf und kann nur hoffen, dass der letzte uns verbliebene IT-Fachmann sich meiner erbarmt. Meiner Firma ist das egal, ich bekomme keine Überstunden bezahlt, aber der Tag hat nun mal nur 24 Stunden und wichtige Jobs verzögern sich durch diesen Unsinn.«

Das tägliche Theater mit den weit verstreuten Backoffice-Funktionen ist frustrierend und teuer. Es betrifft Banalitäten wie unbezahlte Rechnungen wegen eines fehlenden Details, das Hin- und Hersenden von Inventurlisten, das erneute Senden von Kopien von Rechnungen zur Erstattung der Reisekosten, die auf dem Weg nach Polen verloren gingen, Stunden am Telefon mit der Helpline in Irland, wo man deinen Namen ebenso wenig versteht wie dein Problem, Probleme mit dem Marketingplanungs- und -kontrollsystem, das zentrale Reisereservationssystem, wo dir jemand billige, aber zeitverschwendende Routen einreden will.

Das alles ist schon schlimm genug für die internen Kunden, aber noch schlimmer, wenn es die externen Kunden trifft. Ein führendes Versicherungsunternehmen lagerte beispielsweise seinen Kundenservice in ein Callcenter aus. Auch Businesskunden wurden in die normale Warteschlange eingereiht. Endlich einmal durchgekommen, mussten sie ihren Fall einem beliebigen Agenten erzählen, der von nichts eine Ahnung hatte. Ihre üblichen Kontaktpersonen in der Versicherung, die solche Anliegen in einem Bruchteil der Zeit lösen können, versorgten schließlich die Businesskunden mit ihren direkten Telefondurchwahlen und schalteten so das System kurz. »Unsere Geschäftskunden und Partner haben es noch nicht richtig akzeptiert, das nach Indien ausgelagerte neue weltweite Bestellzentrum. Besonders unsere russischen Kunden haben noch Probleme mit der englischen Sprache, aber sie werden sich schon dran gewöhnen«, erzählt ein Kollege während einer Konferenzpause.

Jeder hat eine Horrorgeschichte über ausgelagerte Callcenter auf Lager. »Jedes Mal, wenn ich das Center angerufen habe, war eine andere freundliche Stimme am Telefon, fand zwar die Information über mein Notebook auf ihrem Bildschirm, aber wusste nicht das Geringste über den Status quo«, seufzte der frustrierte Konsument in das Mikrofon eines Reporters. Es hatte mehr als vier Wochen gedauert, um den Austausch einer Batterie auszuführen. »Wir haben volles Verständnis, dass der Kunde verärgert ist«, kommentiert der Marketingmanager der Firma den Vorfall und gibt offen zu, dass er nicht glücklich ist mit der Politik seines Unternehmens, für ganz Europa eine zentrale ausgelagerte Reparaturstelle zu haben.

Ein besonderer Fall sind die »eingelagerten« Arbeitskräfte. Wenn ein Unternehmen Teile seiner Organisation auslagert, wie beispielsweise die IT oder die Logistik, dann lagert es oft auch die dazugehörigen Mitarbeiter aus. Diese werden von dem Outsourcing-Unternehmen, das sich um die Erbringung dieser Dienstleistungen kümmert, zumindest teilweise »eingelagert«. Der bisherige Arbeitgeber freut sich, seine »Kopfzahl« maßgeblich vermindert zu haben und sich nun – so lautete das Auslagerungsargument – auf sein Kerngeschäft fokussieren zu können. Die transferierten Mitarbeiter führen dieselben Tätigkeiten zu meist schlechteren Konditionen auf Rechnung des Outsourcing-Unternehmens aus. Sie führen ein eigenartiges Schattenleben, von ihrer Mutterfirma aufgegeben und bei ihrem neuen Arbeitgeber nicht richtig integriert.

»Wir werden als Weltklassearbeitsplatz bekannt sein, der charakterisiert ist durch hohe Produktivität, Zufriedenheit, Teamwork und Balance«, tönte ein hochrangiges Managementmitglied in einer Mail an die Mitarbeiter kurz nach dem großen Massenpersonalabbau. Provisorien bestimmen das Bild, die zerstörten Strukturen wurden nur mangelhaft ersetzt. Niemand weiß, wann das nächste Beben zu erwarten ist. Die Überlebenden sind ängstlich, gleichgeschaltet, horchen nervös nach innen. Ihre Arbeitslast, durch das Aufsetzen mehrerer »Zusatzhüte«, multiple Berichtsstränge und nicht funktionierende interne Serviceleistungen noch gesteigert, werde nicht anerkannt, sagen sie bei anonymen Befragungen. Sie arbeiten wie verrückt, um die Defizite auszugleichen, sind aber immer mehr in Interna gefangen. Backoffice-Funktionen, die nach dem Wegfall bewährter Strukturen nicht mehr funktionieren, nehmen den Fokus, Zeit und Energie von den Kunden weg.

Durch den Hintereingang kommt eine neue Klasse von Beschäftigten, die das Unternehmen aus Kopfzahl-Gründen durch die Vordertüre nicht mehr hereinlassen will. Ausgelagerte Services funktionieren schlecht, weil die Outsourcer die notwendige Zeit und Mühe nicht investieren, um die Entfernung zwischen ihren Arbeitskräften sprachlich und inhaltlich zu überbrücken. Die fernen »Mitarbeiter« werden darauf gedrillt, stur Anweisungen zu befolgen. Flexibilität und Eigeninitiative sind verpönt. Ein untrainiertes, bunt zusammengewürfeltes Amateurteam stolpert aufs Wettbewerbsspielfeld. Die wenigen Profistürmer werden von ihren unerfahrenen Mitspielern nicht unterstützt, sondern rackern selbst in der Verteidigung (Backoffice). Die Kopfzahl-Paranoia führt zu einem ineffizienten Belegschaftspatchwork, dem Gegenteil von dem, was das Management in seiner »Jagd nach Hochleistung« anstrebt.

Wenig investieren und hohe Renditen kassieren

Die Erwartungen unserer obersten Chefs waren immer hoch. Im markanten Gegensatz dazu stand ihre Bereitschaft, Mittel bereitzustellen, um diese realisieren zu können. Es erstaunte mich immer wieder, mit wie wenig menschlichen und finanziellen Ressourcen sie große neue Märkte erobern wollten. Und des Öfteren strichen sie dann auch noch diese bescheidenen Investitionen zusammen. Sie hatten erkannt, dass ein verlässlicher Partner bei der Jagd nach der kurzfristigen Rendite der Verzicht auf Investitionen ist. Moneten, die nicht ausgegeben werden, fetten die

Quartalsbilanz auf und ergänzen die Kostenstreichorgien. Der begehrte positive Effekt auf den ausgewiesenen Profit, nach dem das Unternehmen vom Kapitalmarkt beurteilt wird, stellt sich somit umgehend ein, die Folgen der Nicht-Investition erst später. Das Management hat einen respektablen Namen für dieses restriktive Instrument – »Fokus«. Fokussiert wird – Ausgaben schonend – auf sehr wenige, als lukrativ ausgewiesene Segmente, die nur mehr bescheidene Investitionen erfordern, und ganz wenige Wachstumsmärkte. Der Rest wird ignoriert. Sie reden die Probleme groß und die Chancen, die sich mit der Investition eröffnen würden, klein. Die unterbreitete Initiative entspräche nicht nur nicht dem Fokus, das Risiko sei auch überproportional groß und die versprochene Rendite zu klein und komme zu spät. Für jedes vielversprechende neue Geschäftsfeld, das die Gralshüter der Finanzmittel nicht mit hohen sofortigen Renditen überzeugen kann, bleibt die Konzerngeldtasche geschlossen. Für kurzfristige Cash-Vorteile ist die Firma gerne bereit, sich aus lukrativen zukünftigen Märkten zu verabschieden.

»Wir können nicht einfach auf alles schießen, was sich bewegt«, sagte uns der Manager, der die Ressourcen verteilt, um neue Produkte entwickeln zu können. Damit hat er recht, denn die Firma kann nicht unreflektiert jeder Spur von Geschäft hinterherlaufen. Aber in letzter Zeit hat sie auf kaum etwas »geschossen«, sondern alle Marktmöglichkeiten außerhalb des definierten engen Horizonts stur ignoriert. »Ich würde mein eigenes Geld nicht in diese Lösung investieren«, schreibt er und bringt damit ein Projekt um, das von einer renommierten internationalen Organisation vorgeschlagen wurde und Türen zu öffentlichen Stellen überall auf der Welt öffnen würde. Ganz im Sinne seines Bosses, der sich als eine Art Hohepriester der Ablehnung etabliert hat und reihenweise Projekte, die seiner Meinung nach nicht exakt dem definierten Fokus entsprechen, zu Fall bringt. Die wenigen anderen Teammitglieder, die noch versuchen, ein neues Geschäft anzubahnen, sind ob dieser Verweigerungshaltung frustriert. Nach einer neuerlichen Ablehnung, die Arbeit an einem Projekt aufzunehmen, für das Experten ein unmittelbares Potenzial in mindestens zwanzig Ländern sahen, wirft ein engagierter und erfahrener Verkäufer genervt das Handtuch.

Konsequenz ist keine Konzerntugend. Von Zeit zu Zeit beleben bescheidene Wachstumsraten zwar die Versuchung, über den Zaun zu schauen und sich an neue Marktsegmente zu wagen. Aber der Widerwille zu investieren und die Ungeduld führen nach vorsichtigen ersten Schritten meist zu einem abrupten Stopp. Das zarte Pflänzchen wird nicht mehr mit Wasser versorgt, bevor ein paar Quartale später Manager wieder mühsame Wiederbelebungsversuche unternehmen. Diesem »Stop & Go & Stop«-Zyklus folgt die »Frust & Euphorie & Frust«-Kurve der involvierten Mitarbeiter.

Im Herbst hatte meine Firma nach langwierigen Überlegungen beschlossen, ihren Fokus auf ein neues, schnell wachsendes Marktsegment zu erweitern, ohne diesem Entschluss viele Ressourcen beizustellen. Immerhin wurde zur Geschäftsentwicklung eine smarte Managerin als Ein-Frau-Team installiert. Im folgenden März hatte eine erfolgreiche Konferenz stattgefunden, die für das Unternehmen und seine Partner neue potenzielle Projekte erbracht und bestehende beschleunigt hatte. Es hieß euphorisch: »Wir haben großartige Resultate in einer Reihe von Ländern.« Aber trotz der neuen Marktchancen haben die Finanztürwächter nicht weiter investiert. Die zuständige Managerin war ratlos. »Da wir jetzt doch wieder nicht investieren«, schrieb sie an ihren Chef, »sagen Sie mir doch bitte, welche Aktivitäten Sie von mir noch erwarten.« Im November verließ sie das Unternehmen. »Es hat nur ein paar Wochen gebraucht, um zu zerstören, was aufzubauen zwei, drei Jahre gedauert hat«, schrieb sie mir in einer Mail.

Ein ähnliches Schicksal traf ein anderes Team, das nach langem Zögern halbherzig auf einen anderen Wachstumsmarkt angesetzt wurde. Im Vorjahr war es mühsam über mehrere

Geschäftsbereiche hinweg etabliert worden. Der neue Gruppenleiter hat sein Patchwork mit wenig Mitteln, aber viel Enthusiasmus zu einem Team geformt. Für den Februar hatte er sogar Geld für ein zur Abwechslung mal nicht virtuelles Trainingstreffen herausgeschunden, in dem ehrgeizige Pläne gewälzt und konkrete Schritte zur weiteren Marktbearbeitung definiert wurden. Neu motiviert zogen die Verkäufer los. In den nächsten Monaten schmiedeten wir Allianzen mit wichtigen Marktpartnern. Marktuntersuchungen bestätigten uns, dass unsere Zielgruppe bald größere Investitionen in jenem Bereich tätigen würden, der von uns perfekt abgedeckt war. Wir starteten den ersten Teil einer Marketingkampagne, um mit unserer Zielgruppe zu kommunizieren. Mit unseren Marktpartnern definierten wir einen Plan, um die Kunden mit einem maßgeschneiderten Angebot zu beglücken. Kurz vor der Implementierung erfuhr unser Teamleiter und Marktexperte, dass sein Team im Zuge des aktuellen Umstrukturierungsprogramms aufgelöst werden würde. Ihm blieben zwei Wochen, um sich einen neuen Job im Unternehmen zu suchen. Das Programm wurde eingestellt. Was bleibt, ist der Frust. Unsere Partner nutzen unsere Marktforschungsergebnisse für ihre eigenen Unternehmen, jetzt mit neuen Kooperationspartnern. Verkäufer verlieren ihre Jobs oder bleiben resigniert zurück. Die potenziellen Kunden sind irritiert, die Glaubwürdigkeit von uns als Lieferanten ist erschüttert. Erst hatten wir Interesse und Kooperationswillen signalisiert, dann war Funkstille. Die Investitions-Skeptiker und Fokus-Fetischisten hatten die Oberhand behalten.

Einmal war ein Marktsegment als der Wachstumspfeiler für die Zukunft gehandelt worden. Nicht einmal eineinhalb Jahre später wurde das Team, das immer schlank und effizient agiert hatte, beinahe vollständig demontiert. »Wir sind nicht mehr bereit, in längerfristige große Projekte zu investieren«, hieß es. Das wären aber genau jene, die verlässliche Erträge liefern würden, wie uns aus der Vergangenheit bestens bekannt ist. Der Verantwortliche für diesen wichtigen Markt sah keine Möglichkeit, die verpassten Umsätze zu kompensieren, und verabschiedete sich aus dem Unternehmen, um bei einem investitionsfreudigeren und zukunftsorientierteren anzuheuern.

Über viele Jahre und unter diversen Managementkonstellationen bestand das Bestreben, unsere Verkaufsmannschaft zu einem Team von Branchenexperten auszubilden, die kompetenz- und umsatzfördernd mit den Kunden über deren Geschäft reden und innovative Lösungen anbieten könnten. Ziel war es, ein tief greifendes Know-how zu erreichen, das gegenüber der Konkurrenz einen bedeutenden, nachhaltigen Wettbewerbsvorteil darstellen würde. Doch nach ein, zwei halbherzigen Trainings zur Entwicklung des Wissens der Verkäufer und zur Überwindung ihrer Schwellenangst gegenüber dem Business-Management der Kunden, folgte stets – vor Erreichung des Ziels – der Rückpfiff von oben, weil sich der Erfolg nicht sofort eingestellt hatte und das Training kostspielig war. Zum Teil waren es dieselben Manager, die erst den »Upgrade« forciert und dann wieder die neue Bescheidenheit, die Konzentration auf das einfache Produktgeschäft, propagiert hatten. So blieben die Fortschritte beim Umgang mit Kunden bescheiden. Aber der damalige Chef setzte ohnehin auf das tumbe, schnelle Geschäft. Auch wenn sich mit smartem Vorgehen mittelfristig um vieles mehr verdienen ließe.

Zur Legitimation der restriktiven Entscheidungen werden aufwendige Prozesse und Systeme etabliert, wie das Genehmigungs- und Überprüfungsverfahren von Marktchancen (GÜM), das potenzielle Projekte evaluieren soll. Der vermeintlich objektive Selektionsprozess spiegelt die Erwartungen der Entscheidungsträger – niedriges Risiko gepaart mit kurzfristiger, hoher Profitabilität – wider und führt in den meisten Fällen zur Ablehnung der eingereichten Projekte. Das unwidersprochen letzte Wort in dem Entscheidungsgremium haben die Finanzmanager. Wenn ein Projekt als riskant eingestuft wird, »dann muss es von der Finanzabteilung genehmigt werden«. Auch als wir besprachen, warum wir in den letzten Monaten bei wesentlichen Ausschreibungen nicht mehr beteiligt waren, hat der Finanzdirektor eine Schlüsselrolle gespielt.

Das kompromisslose Fokus-Denken der Konzerne steht für eine Politik des Investitionsrückzugs und prägte auch die »geografische« Sicht der Entscheidungsträger. Sie hat eine bisher nie dagewesene Auswirkung auf die verschiedenen Weltregionen und Länder. Alle Unternehmen konzentrierten sich auf wenige Märkte, angeführt von China und Russland, Russland und China. Wie fast alle anderen auch, hatte unser Konzern inmitten des allgemeinen Geizens nur für diese beiden Länder nennenswerte Investitionspakete geschnürt. Gemeinsam mit Indien und Brasilien bildeten sie die sogenannten BRIC-Länder, »Top-Line-Growth«-Märkte mit zweistelligen Wachstumsraten, wo die Unternehmen noch bereit waren, maßgeblich zu investieren. In den allermeisten anderen Ländern konzentrierte sich das Management auf die sogenannte »Bottomline«, auf das, was unter dem Strich bleibt, also die Profite. Konzerne haben effektive Instrumente entwickelt, diese durch Kostenreduktionen und nicht realisierte Investitionen verbliebenen Gewinne abzuschöpfen.

In einem großen Land, das aber nicht in der Liga von China und Russland spielt, war ich Zeuge folgender Szene: Während einer Pressekonferenz hatte unser Landesgeschäftsführer stolz verkündet, dass unser Unternehmen einer der besten Steuerzahler im Land sei. Der Generaldirektor der Region war gerade auf Besuch. Er gab sich wenig beeindruckt. »Stellen Sie sicher, dass wir zukünftig nicht mehr so viel Steuern zahlen. Wir müssen die Profite aus dem Land herausbekommen.« Trotz des großen Potenzials des Landes hat der Konzern nichts investiert, um vor Ort technisches Know-how und Service-Expertise aufzubauen. Der Landesgeschäftsführer nimmt die Mahnung ergeben hin, ohne darauf hinzuweisen, dass man die Profite auch zur Entwicklung des Geschäfts im Land einsetzen könnte.

Der Widerwillen der Konzerne, in Nicht-Fokus-Ländern, also

fast dem ganzen Globus, adäquate Ressourcen bereitzustellen, erreicht absurde Dimensionen. Ein Produktmanager bot ein Budget von 6000 Dollar für eine Marketingkampagne für Afrika und meinte noch, er sei großzügig. Unser Unternehmen hatte von einer der weltweit größten Firmen einen riesigen Auftrag bekommen. Aber der Kunde hatte seine Zentrale nicht in einem Fokus-Land. Deshalb waren die Entscheidungsträger nicht bereit, einen technischen Experten für das bestellte Produkt anzustellen. Trotz der Appelle des verantwortlichen Produktmanagers, vor der Realisierung des Projekts Expertise vor Ort aufzubauen, sollte die »Kopfzahl« nicht erhöht werden. Es kam, wie es kommen musste. Bei der Implementierung der Produkte beim Kunden traten Probleme auf. In der Folge stellte es sich als extrem schwierig heraus, internationale technische Experten, rare und lang im Vorhinein ausgebuchte Ressourcen, rechtzeitig zum Kunden zu bekommen. Der frustrierte Kunde drohte, nie wieder Produkte von unserem Unternehmen einzukaufen. Zahlreiche Manager und Mitarbeiter waren mit seiner Besänftigung, der Organisation von Experten, der Kommunikation mit der Fertigung und Logistik beschäftigt, um die Krise halbwegs zu deeskalieren.

Auf das Quartal fokussieren und die Zukunft ignorieren

»Also lasst uns das beste Quartal in der Geschichte der Firma abliefern«, sagt der CEO. »Es ist entscheidend, dass wir das allerwichtigste Quartal, das derzeitige, erfolgreich abschließen«, hören wir in der Mitarbeiterversammlung vom Generaldirektor. Die Umstände mögen widrig sein, die Konzentration durch Fusionen oder Umstrukturierungen massiv gestört sein, die Belegschaft durch »Kopfzahl«-Minimierung auf dem Zahnfleisch, aber die ehrgeizigen Ziele des aktuellen Quartals, immer des wichtigsten, müssen wir erreichen. Die Konzerne ticken im Drei-Monats-Rhythmus und blicken nur in bescheidenem Ausmaß über diese kurze Spanne hinaus.

Beim Treffen der leitenden Manager forderte der CEO die führenden Manager auf, »all ihre Anstrengungen darauf zu fokussieren, ein starkes Quartals-Finish hinzulegen ..., sich auf die Gewinnspannen zu konzentrieren und die Ausgaben zu managen ...« Und dann quasi als Drüberstreuer unterstrich der CEO, »wie wichtig es ist, dass die leitenden Manager ihr Augenmerk auf beides richten: kurzfristig auf das Erreichen der Quartalsergebnisse und auf die langfristigen Investitionen, die das Unternehmen für seine Mitarbeiter und die Gesundheit des Geschäfts macht.« Diese angeblich längerfristigen Investitionen waren uns bisher nicht aufgefallen. Das Management hatte all seine Anstrengungen stets und immer nur aufs Quartal ausgerichtet. Wenn das Quartalsziel erreicht wird, heißt es nicht »feiern«, sondern gleich wieder »Business as usual«, als ob die enorme Kraftanstrengung, die es ermöglicht hat, nicht weiter erwähnenswert wäre. »Unsere Organisation hat ein phänomenales Quartal hingelegt«, schreibt der Chef des Teams, »und jeder Mitarbeiter, der den derzeitigen Spardruck infrage stellt, muss verstehen, dass jedes Quartal eine völlig neue Situation ist.« Das Hamsterrad dreht sich weiter. »Wir hatten ein unglaubliches Q4 (viertes Quartal) und es ist kritisch, dass wir auf diesem Schwung aufbauen und ein starkes erstes Quartal abliefern.«

Gesprochen wird immer wieder von hehren Langfristzielen (»das Managementteam und der Vorstand haben die Verantwortung, das Unternehmen mehr in Richtung nachhaltigem Einkommen und Profitabilität zu managen als in Richtung kurzfristigem Shareholder-Value«) oder zumindest von der notwendigen Balance von Kurzfrist- und Langfristzielen, aber in der Praxis herrscht das Diktat der Kurzzeit. Die Belohnungs- und Bestrafungssysteme sind auf das Quartal ausgerichtet, die Anweisungen des Managements setzen auf kurzfristigen Druck. Nur wenige Unternehmen haben in der berühmten »Balanced Scorecard« zur Mitarbeiterbeurteilung explizit die Erreichung von Meilensteinen für ein längerfristiges Ziel.

»Drei Wochen bleiben uns noch bis zum Quartalsende«, schreibt der zahlenfixierte »Peitschenschwinger« der Region an das Team. »Ich weiß, dass ich mich auf Sie verlassen kann, jegliche Anstrengung zu unternehmen, um unsere Ziele zu erreichen. Denken Sie an unsere fünf Schlüsselinitiativen (Resultate liefern ..., fokussieren ..., wachsen ..., wachsen ..., beschleunigen ...) Zudem müssen wir jetzt alles daran setzen, das Finanzjahr positiv abzuschließen. Wir müssen unsere Vorgaben in allen Geschäftsbereichen und Ländern realisieren, vor allem profitables Wachstum im Bereich C, Erreichen der Profitabilität im Bereich CS, Ausführung des Sanierungsplanes für den Bereich S (d.h. Beschleunigung der Umsätze, um Profitabilität und die richtige Kostenstruktur zu erreichen), Marktanteile im Bereich St zurückgewinnen und den positiven Trend bei TT fortsetzen, einen speziellen Fokus auf die XY Zubehör-Initiative und das neue Vertriebsprogramm haben, beide müssen beschleunigt und verbessert werden ... Gleichzeitig werden wir unsere Pläne exekutieren, um das neue Betriebsmodell und die Kostenstrukturaktivitäten für unsere Region einzuführen.« Wer könnte da wohl auch nur einen Gedanken an die Zukunft verschwenden?

Eine gewaltige Maschinerie wird jedes Quartal angeworfen und frisst einen Großteil der Konzernenergie. Zwischen Quartalsplanung und Nachweis der Rendite für die Quartalsausgaben bleibt immer weniger Zeit für die eigentliche Umsetzung. Emsige, quartalgeeichte Mitarbeiter errechnen Quartalsquoten für Verkäufer und Handelspartner, geben Quartalsvoraussagen ein, fordern und beurteilen Quartalsmarketingpläne. Bei den vielen parallel ablaufenden organisatorischen Änderungen ist das nicht immer eine leichte Angelegenheit. Ein Kollege im Finanzteam klagte: »Wir müssen bis nächste Woche die Planung der Verkaufszahlen finalisieren. Aber niemand weiß, wer zukünftig was tun wird. Die Zentrale trifft keine Entscheidungen, aber wir sollen schon die Budgets abliefern.«

Auch die Marketingabteilungen arbeiten bis spät in die Nacht, um die genauen Quartalsvorschriften einzuhalten, die da auszugsweise lauten: »Marketing- und Marketingkommunikationsmitarbeiter planen ihre Aktivitäten für jedes Quartal entsprechend dem Quartalsplanungsprozess. Sie fordern die geplanten Budgets von den verantwortlichen Budgetinhabern an und füllen die Quartalsausgaben- und -berichtsformulare aus …«, die dann wieder detaillierten Quartalsanalysen unterzogen werden. Immer kleinere Budgetausgaben werden von immer mehr Leuten immer intensiver geprüft.

Der Verkauf wird zu kurzfristigen Höchstleistungen angetrieben. »Damit unser Team die Verkaufsziele erreicht, müssen innerhalb der nächsten fünf Tage noch 27 Prozent des gesamten Quartalszieles in Rechnung gestellt werden.« »Lassen Sie mich im heutigen Rundruf wissen, wie viele zusätzliche Aufträge Sie noch diese Woche erwarten.« Unsere Kunden kennen den Quartalszyklus. Sie werden bekniet, noch vor dem Quartalsende einen Auftrag zu unterschreiben, notfalls zu geringeren Konditionen. Der Druck auf die Verkäufer ist groß.

»Wir möchten Sie daran erinnern, dass alle Aufträge für das Quartal bis zum Ende der Woche im Bestellsystem sein müssen, um die zeitgerechte Lieferung sicherzustellen.« Zum Ende des Quartals wird die Maschinerie angehalten. Lieferungen zählen nur bis zu einem bestimmten Datum für den Quartalsumsatz und damit die Leistungszulagen. Der letzte »Systemladetag« ist ein wichtiger Termin. IT-Systeme werden »geschlossen«, also dem Zugriff der Nutzer entzogen. Ausgaben werden eingefroren, um sie für die Quartalsbilanz erfreulicher aussehen zu lassen. Nicht einmal ein Bleistift kann dann noch ohne Sondergenehmigung bestellt werden. Gewitzte, mit Prozessen seit Langem vertraute Konzernmanager senden Warnungen an ihre Teams aus: »Bitte gehen Sie der Schließung der Kaufantragssysteme nicht auf den

Leim, wenn wir nun den letzten Monat des Quartals beginnen. Es sollte keine Überraschung sein, wenn die Systeme in der sehr nahen Zukunft geschlossen werden. Stellen Sie sicher, dass alle Kaufanträge eingebracht sind, alle Kosten gebucht werden ...«

Zu Beginn des neuen Quartals werden die Systeme dann wieder aufgesperrt: »Die kurzfristigen Kontrollen bei Einkäufen, die nicht für die Produktion gebraucht werden, und die damit einhergehenden Ausgaben wurden gelöst. Daher werden alle Systeme und Prozesse mit Anfang des Monats wieder geöffnet. Beachten Sie, dass etwaige Ausgabenkontrollen, die vor der Schließung vorhanden waren, weiterhin gültig bleiben. Das ist nur eine Freigabe für die Beschaffungskontrollsysteme.« Das Spiel beginnt von vorne. Wie früher in den englischen Pubs heißt es, früh im Quartal so viel wie möglich zu konsumieren, bevor die Glocke die Sperrstunde einläutet. »Mittel, die im Quartal nicht verbraucht werden, können nicht ins nächste Quartal übertragen werden. Ungenutzte Mittel gehen verloren.« Das will niemand, also müssen alle für das Quartal vorgesehenen Mittel, alle Marketing- und Verkaufsbudgets im Quartal ausgegeben werden oder man muss zumindest den Anschein erzeugen, dass sie bereits ausgegeben wurden. »Wenn ihr wüsstet, was sich zum Quartalsende bei uns abspielt«, sagte ein altgedienter Marketingmanager eines Landes bei einer Telefonkonferenz. »Wir wollen es gar nicht wissen«, antwortete die Direktorin der regionalen Organisation. Niemand will es wissen, solange der Schein gewahrt und ordentlich dokumentiert ist.

Sollte es also innerhalb des Quartals nicht mehr gelungen sein, die Mittel planungskonform auszugeben, gibt es diverse Möglichkeiten, sie doch nicht zu verlieren. Eine gern genutzte, wenn auch offiziell verpönte, ist das zeitweilige »Parken« der Mittel bei selbstständigen Agenturen oder Partnerunternehmen, wo es in späteren Quartalen ohne Zeitdruck abzurufen ist. Falls nichts passiert. Sollte allerdings das Unternehmen, bei dem die Mittel lagern, in der Zeit pleitegehen, was schon vorgekommen ist und immer als abschreckendes Beispiel vorgehalten wird, oder die Mitarbeiter, die davon wissen, abgebaut werden oder irgendwann den Überblick in diesem Dickicht verlieren, dann sind diese Budgetmittel verloren.

Die Quartalszahlen, aber auch die strikten Vorschriften zur Einhaltung der rigiden Quartalsprozesse, bieten ein weites Feld für Schuldzuweisungen und zuweilen auch einen willkommenen Anlass, um Manager kurzfristig zu demontieren, die schon lang auf der Abschussliste standen. Ein Jahr zuvor hatte es noch ganz anders geklungen, da fand der CEO noch die schönsten Worte für die Leistung des globalen Verkaufschefs. »Er und sein Team haben einen hervorragenden Job abgeliefert. Sie haben das Geschäft nicht nur in die Gewinnzone geführt, sondern gleichzeitig bei allen Produktgruppen Marktanteile gewonnen. Das ist eine herausragende Leistung. Ich möchte ihm noch einmal für seine Führungsstärke und dem gesamten Team für sein Engagement danken!« Zwei Quartale später hat sich die Welt um 180 Grad gedreht. Da kommt nur die knappe Meldung des gleichen CEO, dass im Zuge der schlechten Quartalsergebnisse der zuvor hoch gelobte Verkaufschef auf der Stelle durch einen Kollegen ersetzt wird. »Wir danken ihm für seine Dienstjahre und den Einsatz.« Mit dem Quartalsbauernopfer wollte der CEO Härte und Durchgriffsstärke zeigen. Wieder ein paar Quartale später wird dann auch der CEO verabschiedet, ohne Dank, aber mit ausreichend Geld.

Wie man weiß, hat der Erfolg viele Väter. Misserfolge hingegen sind Waisenkinder. Niemand will den Schwarzen Peter für ein überzogenes Budget auf sich sitzen lassen. Ein regionaler Manager hat seinen Kostenrahmen beträchtlich überzogen und versucht, die Schuld auf die Länderorganisationen abzuwälzen. Er pocht unter der Überschrift »Essenzielle Lektüre: Ernsthafte Notwendigkeit für finanzielle Verantwortlichkeit« auf seine Unschuld: »Das vergangene Quartal war für uns ein armseliges Quartal, armselig genug, um wegen der entstandenen Spartenverluste einen Managementwechsel zu initiieren. Das Ergebnis war nicht wirklich überraschend, weil wir schon Anfang des Monats sahen, dass die Auftragslage und die Umsatzzusagen der Länder nicht ausreichend waren, um unsere Umsatz- und Gewinnziele zu erreichen. Daher habe ich Ihnen allen eine Botschaft geschickt, um mitzuteilen, dass nicht mehr als 95 Prozent des zugeteilten totalen Quartalsprogramm- und Mitarbeiterbudgets auszugeben sind. Jetzt scheint es unglücklicherweise so, dass viele von Ihnen die Botschaft nicht ernst genommen haben. Sie wurde im Übrigen in der zweiten Hälfte des Quartals zu zwei weiteren Anlässen geschickt, und doch haben Sie nicht nur nicht mit 95 Prozent des Budgets abgeschlossen, sondern im Gegenteil sogar beträchtlich überzogen.«

Mit dem Quartal als oberster Instanz im Unternehmen führt das kurzfristige Denken Regie. Für die Verfolgung langfristiger Ziele bleiben weder Zeit noch Ressourcen. Es gilt: Aktionismus statt Strategie. Das Ergebnis: In den nächsten Quartalen werden dieselben ungelösten strukturellen Probleme auftreten, die man immer wieder mit kurzfristigem Druck zu übertünchen sucht. Die Fassade wird notdürftig ausgebessert, für die Verbesserung der Substanz, und damit den Aufbau längerfristiger Wettbewerbsvorteile, bleibt keine Zeit.

Versucht man es doch, wird man zurückgepfiffen. Als ich ein sehr großes, bisher nur opportunistisch genutztes Marktpotenzial und den Weg aufzeige, es für das Unternehmen effektiv und systematisch zu erschließen, kommt vom zuständigen Vizepräsidenten nicht ein Wort der Anerkennung. Er schickt aber umgehend einen Verweis, dass die »Quartalszahlen meines direkten Chefs momentan ziemlich hässlich aussehen, was die Erfüllung der Verkaufsquote betrifft«, und dass ich meine Energie und Leidenschaft auf kurzfristige, umsatzsteigernde Aktivitäten konzentrieren möge.

Beim ersten Anzeichen von Abweichungen von den unmittelbaren Zielen wird der Verkauf nervös und beschwört die Marketingteams, auf Kurzfristfokus zu gehen: »Bitte verstehen Sie und unterstützen Sie den Bedarf des Unternehmens an taktischen, kurzfristig umsatzgenerierenden Marketingplänen und legen Sie, bis auf Weiteres, weniger Augenmerk auf langfristig strategische Beziehungen oder Aktivitäten zum Aufbau von Kundennähe.« Oder: »Aufforderung, aktiv zu werden – diese Botschaft soll sicherstellen, dass mindestens 60 % der Ländermarketingbudgets für direkt umsatzsteigernde Aktivitäten für unser wichtigstes Produkt verwendet werden ... Überprüfen Sie Ihre Ausgaben. Falls Sie noch unter 60% sind, leiten Sie die Budgets von längerfristig wirkenden oder bewusstseinsbildenden Aktivitäten zu taktischen, unmittelbar umsatzsteigernden um.« Werbung wird von Analysten »als potenzielle kurzfristige Chance« gesehen, aber nicht etwa zur Stärkung der Marktposition, sondern wegen des Einsparpotenzials. Am meisten bringt es kurzfristig, die Werbung zu kürzen. Dass dabei Marktanteile verloren gehen und später teuer zurückgewonnen werden müssen, spielt im Moment keine Rolle.

»Die ganze Zeit werden wir unter Druck gesetzt, Informationen kurzfristig zu liefern. Kundeninformationen ohne fertige Pläne ...«, kommentiert ein firmeninterner Manager die vorherrschende Spontan-Vorgehensweise. Unter dem Druck kurzfristiger Ziele sinkt die Qualität der Entscheidungen zwangsläufig. »Müll rein, Müll raus«, sagt ein externer Berater abends beim Bier. Bei einer der zahlreichen Firmenabschiedsfeiern verweist ein früherer Kollege und nun frühzeitiger Edelpensionist auf den von ihm gepflegten langfristigen Zugang: »Neue Mitarbeiter bekamen früher einen Drei-Jahres-Entwicklungsplan, mit längerfristigen Anreizen, nicht nur kurzfristige Aktienoptionen«, die zu einer Inflationierung des Kurzfristfokus führen.

Das Pech ist nur, dass nachhaltige Wettbewerbsvorteile nur längerfristig aufgebaut werden können. Das ist kaum überraschend. Bei Kurzfristmaßnahmen ist es für den Mitbewerber kein Problem, schnell nachzuziehen. Fundiertes Produkt- oder Branchenwissen, der Aufbau eines tragfähigen Geschäftspartnernetzwerkes, Kundenbeziehungen und erfolgreiches Zusammenspiel im Team hingegen können nicht über Nacht aufgebaut werden, sie brauchen ihre Zeit. Vertrauen entsteht nicht in ein paar wenigen Quartalen. Ein langjähriger Anlagenverkäufer bei einem renommierten Unternehmen beschrieb das Dilemma so: »Es dauert einige Jahre, bis man die Komplexität dieser Anlagen versteht. Erst dann kann man einen Kunden beraten, dessen Geschäftserfolg von diesen Produktionsanlagen abhängt. Kein Unternehmen ist noch bereit, so viel Zeit zu investieren.«

Den Entscheidungsträgern verstelle »der kurzfristige Druck die Sicht auf die Zukunft. Es ist keine Konsistenz in der Strategie vorhanden und bei jedem Hindernis würden sie sofort wieder einen Wechsel zum Kurzfristfokus vollziehen«, beschwerte sich ein Manager, der vergeblich versucht hatte, die Kompetenz unseres Verkaufs mit umfassenden Trainingsprogrammen längerfristig zu entwickeln. Ein früherer CEO hatte in einem Quartal alle Verkäufertrainings absagen lassen, weil nicht zu erwarten war, dass diese noch im selben Quartal einkommenswirksam werden. Dass ein Team erst nach drei Jahren Zusammenarbeit zur Hochform aufläuft, wie Peter F. Drucker wusste, ist ein lästiger Umstand, dem niemand Rechnung trägt. In Zeiten der steten Mitarbeiterkopf-Jagden, Organisationsänderungen und der Temps-Euphorie entstehen kaum echte Teams.

Das bürokratische System statt Kundenwünsche befriedigen

»Wir selbst sind unser schlimmster Feind. Wir verlangsamen uns selbst durch die vielen Prozess- und Genehmigungshürden.« Mürbe gewordene Kollegen bringen ihre Sorgen zum Ausdruck – anonym natürlich, im Zuge einer Mitarbeiterbefragung. »Vereinfacht die Organisation, das Betriebsmodell, die Prozesse und die Instrumente. Es ist zu schwer, den eigentlichen Job tun zu können«, »Interne Prozesse hindern uns daran, Kundenbedürfnisse zu erfüllen. Wann wird die Bürokratie entfernt?«, »Warum ist der Genehmigungs- und Verkaufsprozess in unserer Firma so kompliziert«, stimmen andere ein. »Du fühlst dich wie in einem Korsett, kein Freiraum um dich herum und überhaupt kein Spaß mehr«, fasst eine Managerin die lähmende Situation in dem Unternehmen, für das sie arbeitet, zusammen. Allenthalben spiegelt sich in Mitarbeiterbefragungen und in informellen Gesprächen die »Frustration über die Komplexität der Systeme und Prozesse, mit der gefühlten Bürokratie« wider. Nach der Auswertung einer Mitarbeiterbefragung beschloss das Management meiner Firma, »die wesentlichen Prozesse zu vereinfachen und die Befugnisse der Mitarbeiter zu erhöhen«. Bemerkt haben wir davon nichts. Wie überhaupt angebliche »Simplifizierung« bisher immer alles noch komplizierter machte.

Die Zahl der neuen Prozessvorschriften und Berichtsanforderungen, die deren Einhaltung beweisen sollen, schwoll in meiner Inbox zu einem reißenden Strom an. »Viel neue Bürokratie wird von oben auf uns herabkommen«, sagte der Planungsmanager, »ob es nun die Landesorganisationen schätzen oder nicht, die Zukunft ist zentral. Budgets, Mitarbeiter und Programme werden zentral zugeteilt.« Die Konzerne setzen auf zentrale Planung und Kontrolle. Damit wollen sie ihre Profit steigernden Programme zur Senkung der Kosten und Kopfzahlen global durchsetzen. Die Arbeit von Management und Mitarbeitern soll im Detail gesteuert werden und damit die Effizienz steigen. Wir Mitarbeiter werden noch enger in die globale Befehls- und Kontrollkette, die eine Vielzahl von strikt einzuhaltenden »Prozessen« vorgibt, eingespannt. »Konsistente globale Prozesse über alle Organisationen«, lautet das Zauberwort der Konzernchefs. Ein umfassendes Berichtswesen soll die distanzierten Chargen oben vor unliebsamen Überraschungen schützen und den Prozessgehorsam unten sicherstellen.

Von der fernen Konzernzentrale kommen detaillierte Anweisungen: Wie viel Leute gefeuert oder – in Ausnahmefällen – aufgenommen werden, wie viel Geld für Verkauf und Marketing ausgegeben werden darf, mit welchen Lieferanten global gearbeitet werden muss, wie mit den Geschäftspartnern umgegangen wird. »One-size-fits-all«, alles wird über einen Kamm geschoren, davon geht man oben aus. Wer sich um die Besonderheiten einzelner Regionen oder Märkte kümmert, vergeudet seine Zeit, meinen die Konzernchefs. Ein dichtes Regelwerk sorgt dafür, dass so gut wie nichts dem Zufall oder dem Urteilsvermögen der Mitarbeiter überlassen wird. Regelmäßige Audits stellen die Konformität sicher. »Und jetzt: die nächste interne Überprüfung«, so teilte uns lakonisch unser Teamleiter das Datum für ein neuerliches Prüftreffen mit unserem Vizepräsidenten mit. Die letzte lag erst wenige Monate zurück. Wie was auszuführen sei, lässt sich auch zentral über Budgetmittel kontrollieren. In nach unten immer mickrigeren Kaskaden werden die Gelder an die Konzernniederlassungen verteilt, von denen sie zuvor einkassiert worden waren. Um die verteilten Ressourcen zu nutzen, müssen ritualartig Berichte über deren vorschriftsmäßige Nutzung ausgefertigt werden, was zusätzlich zur Prozessflut beiträgt.

Gesteigert wird die Komplexität noch durch die Segmentierung im Unternehmen. Mit neuen Richtlinien und noch mehr Prozessen will das Management der Komplexität Herr werden und die auseinanderstrebenden Teile besser koordinieren. Auch die Folgen des Outsourcing versucht man durch exakte Prozessanweisungen an die ausgelagerten und zurückbleibenden Teams zu kompensieren. Was bisher informell gut funktionierte, wird jetzt formalisiert. Über die Welt verteilte virtuelle Teams, fern von ihren Chefs, werden mit Prozessvorschriften dürftig zusammengehalten. So münden die Konzerngewässer aus vielerlei Quellen über alle möglichen Zuflüsse in den großen Prozessstrom.

Wen erstaunt es da, dass das Management umfangreiche Ressourcen bereitstellen muss, um diesen Strom erst zu speisen und dann zu administrieren. Immer mehr Kollegen kümmern sich um die Einhaltung der Prozesse. Immer weniger kümmern sich um die Kunden. Teure technische Systeme müssen angeschafft werden, um die Planer und Controller bei ihrer aufwendigen Tätigkeit zu unterstützen. Oft scheitern sie an den hohen Erwartungen des Managements, das nach totaler Kontrolle giert, oder der Komplexität des organisatorischen Umfelds.

Prozesse sind zum »Way of Life« geworden. »Warten wir mit der Lösung dieses Problems, bis die nächste Hierarchieebene den neuen Prozess definiert hat«, sagen die Kollegen, anstatt selbst nach einer Lösung zu suchen und Verantwortung für ihre individuelle Handlung zu übernehmen. Prozesse werden immer weiter verfeinert und entwickeln zunehmend ein Eigenleben. Für das Überleben eines Mitarbeiters im Konzern ist entscheidend, dass er sie formell einhält. »Satisfy the system«, lautet das Postulat, dann bekommst du keine Probleme und hast eine gute Nachrede. Das ist weitaus wichtiger, als sich um die Kunden zu kümmern. Die Organisationslehre nennt das »Innenorientierung« oder »Zielinversion«. Das bedeutet, »es wird immer wichtiger, dass wir die Arbeit den Vorschriften entsprechend richtig machen, statt dass wir das Richtige tun«.

Längst hat die Bürokratie sich im Konzern breitgemacht und die Spirale dreht sich immer schneller. Sie beherrscht Bereiche, wo sie früher nur rudimentär vorhanden war. Neue Prozesse generieren neue Bürokraten. Diese generieren wieder neue Prozesse usw ... Welche Chance haben da noch Werte wie Kreativität, Eigeninitiative oder Unangepasstheit? Autoritäre Befehlsstrukturen und Nabelschau beherrschen alles. Die Zahl der Bürokraten wächst trotz der »Kopfzahl«-Beschränkungen. Vor nicht allzu langer Zeit kümmerte sich ein Controller um das gesamte Kontroll- und Berichtswesen unserer Organisation, für alle Geschäftsbereiche. Dann wuchs die Finanzgemeinschaft zu einem Team von sieben hart arbeitenden Mitgliedern an, die im Großraumbüro bis spätabends Zahlen wälzen, um alle Analyseanforderungen des Managements zu erfüllen. Manchmal wird ein Nicht-Bürokrat schon ungläubig betrachtet. Ein junger Kollege, der selbst der Zunft der Erbsenzähler angehört, fragte mich beim Kaffeeautomaten: »Was machst du eigentlich?« – »Marketing.« – »Richtiges Marketing? Nicht Marketing Controlling?«, fragte er erstaunt.

Aber nicht nur ihre Zahl wächst, sondern auch ihr Selbstvertrauen und das Gefühl der Überlegenheit. »Sie glauben, dass wir für sie da sind, nicht umgekehrt«, brachte es eine operative Managerin auf den Punkt. Die arrogante Tonart, mit der ein junger Controller den Chefs der Landesorganisationen Sanktionen für Nicht-Prozess-Gehorsam androht, spiegelt die neuen Wertigkeiten wider: »Country Manager, es ist nicht meine Absicht, Sie als verantwortliche Landesmanager zu erinnern, dass wir gewisse Prozesse etabliert haben, die in Ihren Ländern ausgeführt werden müssen. Es ist auch nicht meine Absicht, die Einhaltung zu überwachen, aber manchmal ist es notwendig. Sollten Sie die Berichte am Quartalsende nicht abliefern, wird es ernsthafte Strafen geben.« Die viel beschäftigten Landesmanager hatten die vom Finance-Mann angeforderten Hausaufgaben, eine von unzähligen Excel-Tabellenübungen, nicht umgehend erledigt.

Die Erbsenzähler haben das letzte Wort. »In diesem Stadium«, schrieb der Finanzanalyst, »kann Finance die Budgets, die kürzlich von den Marketingmanagern kommuniziert wurden, nicht bestätigen, auch wenn sie dem Memorandum entsprechen, das mit den Marketingorganisationen der Geschäftsbereiche ausgehandelt wurde.« Die operativen Manager setzen dieser angemaßten Führungsrolle erstaunlich wenig Widerstand entgegen. Ihre Unterwürfigkeit ermöglicht es, dass sich Universitätsabsolventen innerhalb von ein paar Wochen in überhebliche Bürokraten verwandeln.

Zudem bestärken spezielle Organisations- und Berichtsstrukturen das Gefühl der Überlegenheit und des missionarischen Auftrags. Die Bürokraten sind keine integralen Mitglieder der

Teams vor Ort, sondern sie berichten direkt an die Bürokraten der nächsten Hierarchieebene, in Parallelstrukturen bis an die Unternehmensspitze. »Die Verantwortlichen für Finanzen, Personal und Recht werden eng mit meinem Team zusammenarbeiten, werden aber entsprechend der Zentralisation der Konzernfunktionen direkt an ihre respektiven zentralen Funktionen berichten«, informierte der Landesgeschäftsführer seine Mitarbeiter. Nicht wirklich ein Zeichen von Vertrauen gegenüber dem lokalen Management.

Nicht nur die Tätigkeit unserer Bürokraten, sondern auch ihre Zeit scheint mehr wert zu sein als unsere. Mit Vehemenz und ohne nennenswerten Widerstand propagieren sie für ihre Domänen das Modell »Selbstbedienung«. Alle übrigen Mitarbeiter, die eigentlich Nutznießer ihrer Dienste sein sollten, sind angehalten, selbst aktiv zu werden statt einen Bürokraten zu belästigen. Statt einer Auskunft erhält der Bittsteller eine Web-Adresse (»Wir haben doch das Portal, eine Liste der häufigsten Fragen …«), statt der Durchführung einer Datenänderung die Anweisung, wie er/sie diese selbst durchführen kann. In umfassenden Trainings lernen Manager »Managerselbstbedienungsprozesse und -instrumente zu verstehen und Managerselbstbedienungstransaktionen« durchzuführen. Die Bürokraten geben Kostengründe für diese Verlagerung von Aufgaben vor, sie haben aber gewiss ihre eigene Work-Life-Balance im Hinterkopf.

So machte auch ich mich als gehorsame Konzernbürgerin des Abends im Großraumbüro daran, am Selbstbedienungsportal die Kostenstellenzuordnung eines temporären Mitarbeiters zu ändern. Als ich endlich Zugang bekam, fand ich den Mitarbeiter nicht im System. Ich flehte eine Kollegin um Hilfe an, vergeblich, sie hatte diesen Prozess selbst noch nie praktiziert. Die kontaktierte Personalabteilung hatte, freizeitbewusst, das Haus bereits verlassen und würde ohnehin wieder nur einen Weblink schicken oder auf die entsprechende Helpline verweisen. Also sendete ich umgehend eine Mail an das Support-Team, was gewiss wieder einen umfangreichen E-Mail-Verkehr nach sich ziehen würde, und wandte mich anderen administrativen Selbstbedienungsaktivitäten zu. Am Konzept zur Erschließung eines neuen Marktsegments arbeitete ich dann später am Abend zu Hause weiter. Die Personalabteilung war im Übrigen leicht pikiert, dass ihre Dienste bei der letzten anonymen Mitarbeiterbefragung nicht sonderlich hoch eingeschätzt wurden. Als Konsequenz versprach man, das Managerselbstbedienungssystem zu vereinfachen.

Die wenigen serviceorientierten Bürokraten sind selbst frustriert: »Wir haben sehr komplexe Systeme, die befriedigt werden müssen, sodass dann kaum Zeit bleibt, um sich mit wirklich wichtigen Dingen auseinanderzusetzen«, klagte eine Mitarbeiterin der Finanzabteilung. Aber viele ihrer Kollegen scheinen der Ansicht zu sein, dass Umsätze nur eine Buchungssache sind. So beschwor die Personalchefin bei einer Mitarbeiterversammlung die Anwesenden, die letzten Tage vor Quartalsschluss intensiv zu nutzen, um die Umsatzziele doch noch zu erreichen: »Buchen, buchen, buchen!«, schlug sie leidenschaftlich vor.

Die Domänen der Bürokratie sind vielfältig. So behindern in einem Klima des Sparens erwartungsgemäß viele Prozessschikanen den Zugang zu den Ressourcen. »Die Chefs machen das System natürlich nur darum so mühselig, dass du vom Geldausgeben abgehalten wirst«, kommentierte der Manager eines Geschäftspartners den willkommenen Nebeneffekt des langwierigen Beschaffungsprozesses seiner Firma. Bei uns war es nicht anders. Seit die Geschäfts- und Budgetverantwortlichen nicht länger direkt bei den Lieferanten einkaufen durften, sondern immer obligatorisch das »indirekte Beschaffungsteam« bemühen mussten, gab es die hohen Hürden der Beschaffungsprozesse. Der obligate Kaufantrag, die Lieferantenrechnung, alles wird von einer Vielzahl von Bürokraten akribisch durchleuchtet und dann von einer Reihe von Managern über mehrere Hierarchieebenen hinweg genehmigt. Oder auch nicht.

Damit ein Mitarbeiter einen neuen PC anschaffen durfte, wurden erst einmal zusätzliche Genehmigungshürden eingeführt. »Nachdem der PC-Antrag vom Management auf allen hierarchischen Ebenen genehmigt wurde, darf der direkte Manager das Zubehör genehmigen. Bitte helfen Sie uns, die Kosten zu reduzieren, indem Sie diesen Prozess so bald wie möglich befolgen, um zu vermeiden, dass Ermahnungen geschickt werden müssen.« Dem direkten Manager wird also nicht einmal mehr zugestanden, selbstständig über den PC-Antrag eines Mitarbeiters zu entscheiden. Seine/ihre Bewilligung ist nur für das Zubehör relevant.

Ein wahres Prozessabenteuer bringen neue Geschäftsbeziehungen mit sich. Die Kontrolleure sind alles andere als begeistert, wenn jemand neue »Profitfeinde« einschleusen möchte. »Die Verhandlungen mit der Firma waren nichts im Vergleich dazu, unsere eigene Einkaufsabteilung zu überzeugen, einen neuen Lieferanten auf die Liste zu setzen«, seufzte ein Kollege. Eine lokale und drei internationale Abteilungen prüfen gemeinsam einen neuen Lieferanten, bevor er genehmigt wird. Das erfährt man aus Bangalore.

Die Prozesshürden in anderen Unternehmen sind nicht niedriger. Eine Consulting-Firma beispielsweise wollte Trainingsdienstleistungen an einen europäischen Autohersteller verkaufen. Als der Eigentümer dieser Firma erkannte, dass er keine Chance hatte, auf die entsprechende Zuliefererliste des Autobauers zu kommen, zahlte er zwanzig Prozent des Auftragswerts an einen Freund, dessen Unternehmen gelistet war und agierte als dessen Subunternehmer.

Echte Pionierunternehmen dehnen ihre Beschaffungsprozesse auf die Lieferanten aus, indem sie ihnen den ganzen elektronischen »Papierkram« aufbürden. Eine Partnerfirma schickte uns eine vierseitige Schritt-für-Schritt-Anleitung, wie wir uns als Lieferant »aufsetzen« können. Das hieß so: »Willkommen. Unsere Vision ist es, ein hundertprozentig elektronischer Konzern zu werden. Zur Unterstützung dieser Vision verlangt unser Unternehmen von allen Lieferanten, sich in unserem Lieferantensystem zu registrieren. Das erlaubt Ihnen, Ihren Kaufantrag und die Rechnung online zu managen.« Vorweg empfahl man uns den Besuch eines Online-Trainings, um uns mit den Prozessen vertraut zu machen. Als ob man nicht schon mit den Vorschriften im eigenen Unternehmen überfordert wäre.

Eine Multi-Milliarden-Dollar-Firma bezahlt ihre Rechnung nicht, weil nicht der richtige Prozess eingehalten wurde. »Es scheint, dass Ihre Rechnung bisher nicht bezahlt worden ist, weil Sie bei uns noch nicht als Lieferant registriert sind.« Das war nicht wirklich unser Fehler. Offenbar war es unseren Kollegen bei diesem Partner nicht gelungen, die komplexen Prozesse in ihrem eigenen Unternehmen zu verstehen und zu befolgen. Dafür haben wir Verständnis. »Wenn Sie nicht Teil des richtigen Prozesses sind, dann haben Sie keine Chance, Ihre Anfrage, wie gerechtfertigt sie immer auch ist, positiv erledigt zu bekommen.« Kafka lässt grüßen.

Als sogar den Bürokraten bewusst wurde, dass sich die Bewilligungsprozesse lawinenartig vermehren, stellten mehrere erbsen- und kopfzählende Abteilungen den gemeinsamen Service »Zentrale Bewilligung« vor, um die Situation der leidgeprüften Antragsprüfer zu erleichtern, die sich als hochrangige Managementvertreter eigentlich um strategische Aufgaben kümmern müssten und nicht um die Überprüfung von kleineren Kaufanträgen. »Die Zeit, die Sie mit dem Prüfen und Komplettieren von Genehmigungen brauchen, wird demnächst signifikant verkürzt«, versprach das »Wissens- und Intranetmanagementteam in Zusammenarbeit mit dem Geschäftsprozessauslagerungsteam, der indirekten Beschaffung und der Personalabteilung. Sie alle freuten sich darauf, den Managern diese neue Dienstleistung anbieten zu können. »Mit ›Zentraler Bewilligung‹ können Sie nunmehr auf dem Unternehmensportal an einem einzigen Ort die Transaktionen der teilnehmenden Applikationen überprüfen und genehmigen. Der neue Service konsolidiert auch die diversen Bewilligungsanforderungen, die Sie heute empfangen, in eine einzige E-Mail und verbindet Sie dann direkt mit der Webseite der ›Zentralen Bewilligung‹. Damit werden die vielen Genehmigungsaufgaben kanalisiert und sind für Sie weniger aufreibend und zeitaufwendig.«

Das klingt kompliziert, aber vielversprechend. Doch die diversen Managementhierarchieebenen, die die Kaufanträge zu überprüfen haben, scheinen den obersten Gralshütern nicht verlässlich genug. Zusätzlich durchstreifen geheime »Sheriffs« das Beschaffungssystem, um Kostensünder zu überführen: »Sie wurden als Kaufantragsteller für die Dienstleistungen identifiziert, die im beigelegten Dokument aufgeführt sind. Dabei haben Sie einen Warencode verwendet, der nicht mit den Services übereinstimmt, die Sie bestellt haben. Zudem ist der Lieferant, den Sie angegeben haben, kein offiziell akzeptierter Marktforschungslieferant«, schreibt ein bis dato unbekannter Einkäufer für Marketingdienste von der indirekten Beschaffung und warnt, dass dies »zu unkorrekten Berichten führen kann. Für zukünftige Aufträge verwenden Sie bitte einen passenderen Warencode. Wenn es sich wirklich um Marktforschung gehandelt hat, dann lassen Sie uns das wissen, damit wir das weiter diskutieren und eventuell diesen Lieferanten formell genehmigen.« Nein danke, nur das nicht. Ich hatte gewiss nicht die Absicht, einen weiteren Genehmigungsantrag einzubringen, nachdem der vorschriftsmäßig durchgeführte »erstinstanzliche« Genehmigungsprozess des Lieferanten bereits mühsam genug gewesen war.

Lang und steinig ist der Prozessweg zu Budgetmitteln. Ein gemeinsames Verkaufsprogramm mit einem Geschäftspartner, einem weltweit führenden Konzern, der ebenfalls zur Prozessgeilheit neigt, wird zu einem nervenaufreibenden Marathon: »Mein Gott, wie kompliziert dieser Scheiß ist.« Der Produktmanager verlor die Nerven angesichts der umfassenden und komplizierten Genehmigungsrichtlinien. Schließlich hatte sein

Team die vielversprechende Nachricht bekommen, dass es mit einer positiven Budget-Entscheidung rechnen kann, für die eingereichten Aktivitäten ein ›GO‹ hat. »Was bedeutet das ›GO‹ und was sind die nächsten Schritte«, fragte dann der Programmmanager der nächsten Hierarchieebene in seiner Mail und lieferte eine erstaunliche Antwort. »Ihr dürft NICHT mit der Ausführung beginnen, bevor Ihr nicht das beigelegte Bewilligungsformular ausgefüllt und die endgültige Budgetzusage von beiden Partnern erhalten habt.« So mussten die Manager, die sich eigentlich um den Absatz ihrer Produkte kümmern sollten, noch Antragsformulare mit über dreißig Kategorien ausfüllen, unzählige Prozessschritte beim eigenen und beim Partnerunternehmen akkordieren, an sämtliche Vizepräsidenten regelmäßig über den Status quo berichten, monatlich Kostenvorausschauen unterbreiten …

Die Spielgründe der Bürokraten dehnen sich immer weiter aus und lähmen Bereiche, die einmal als dynamische Motoren des Unternehmens galten. Was ist mit dem Marketing passiert? Wo sind die einstmals bunten Schmetterlinge? Aus ihnen sind prozessbeflissene, mausgraue Bürokraten und Controller geworden. Ausgerechnet im Marketing, dem einstigen Hort der Kreativität und Individualität, sind Prozesse und Angepasstheit zum vorrangigen Lebensstil geworden. In Marketingkonferenzen diskutieren wir elendslang Regeln und Vorschriften. Nur selten kommen kreative Kampagnen und neue Kundenprogramme zur Sprache. Unter dem Titel »Ein Input für zukünftige Meetings« schickt eine Marketingchefin eine E-Mail an ihre Kollegen vom »Marketing-Rat« und macht einen fast frivolen Vorschlag: »Ich hatte die Idee, ob wir künftig geschäftsorientierter arbeiten. Vielleicht könnten wir in einigen Sitzungen spezifische Themen behandeln?« Dann fügt sie hinzu: »Nur ein Vorschlag für die Zukunft«, und entschuldigt sich damit quasi für das eigentlich Selbstverständliche. Die Realität ist tatsächlich weit von unserer Arbeit entfernt.

Stundenlang ereiferten sich meine Marketingkollegen über Interna: Wie man Prozesse weiter verfeinern und ihre Einhaltung überprüfen kann, mit welchen Prozessen wir die Kooperation über mehrere Geschäftsbereiche sicherstellen können, wer über welche Budgets verfügen kann, wie man die Ausgaben noch besser dokumentieren und die Ergebnisse noch feiner messen kann. Weithin geschätzte Marketingmanager taten sich mit ausgefeilten Präsentationen hervor. Ein hochgelobtes Standardwerk, »Lokale Marketingbuchungen, eine Prozessübersicht in 33 Schritten«, wurde kompiliert und verwendet. Kein Wunder, dass der oberste Finanzkontrolleur entzückt ist ob dieses Eifers und die Autorin dieser Schrift als lobendes Beispiel fürs Marketing hinstellt. Eben diese Kollegin meldete sich freiwillig, an allen internen Revisionen teilzunehmen. Sie insistierte, dass nicht nur das letzte Geschäftsjahr, wie der Kontrolleur vorschlug, sondern gleich die letzten drei Jahre überprüft werden. Allerorten bilden Marketingleute eilfertig Plattformen und Lenkungsausschüsse, um zentralen Reduktionsstrategien zum Durchbruch zu verhelfen. Altbewährte Lieferanten werden auch in Bereichen wie Direktmarketing, wo es überhaupt keinen Sinn macht, der globalen Ein-Lieferanten-Politik geopfert (»Die Agenturen werden evaluiert und auf ein paar wenige konsolidiert«), und Kontrollsysteme mit Daten gefüttert.

Es gibt einen »Marketing-Rat«. Das ist das formelle Forum für die Marketingmanager der verschiedenen Geschäftsbereiche. Anstatt dort gemeinsame Marktinitiativen in den Vordergrund zu stellen, geht es vorwiegend um das wegen seiner Umständlichkeit und Ineffizienz berüchtigte Marketingplanungs- und -kontrollsystem MBPC. Es handelt sich dabei um ein »Planungsprozessinstrumentarium, das die Reise unseres Unternehmens zur Weltklassemarketingfirma beschleunigen wird.« (Mancher Mitarbeiter fragt sich: wie bitte?). Der Marketing-Rat schwört die unteren Ränge auf die strikte Einhaltung der langwierigen MBPC-Prozesse ein. Aus Marketingleuten sind die besten Buchhalter geworden. Sie denken nur noch an Prozesse und Kostenstellen und verbringen Stunden über Stunden, ohne ihre Produkte dem Kunden einen Millimeter näherzubringen.

Inhalte zählen nichts, nur Formalismen und absoluter Gehorsam gegenüber globalen Prozessen. »Eigenartig, dass sich nie jemand um den Inhalt meiner Marketingprogramme kümmert, solange ich die Prozesse einhalte und dokumentiere«, wundert sich ein Marketingmanager, der als einer von wenigen Inhalte für wichtig hält. Die verantwortlichen Manager in den höheren Rängen interessiert nur, ob die vorgeschriebene Aufteilung des Budgets eingehalten wurde, »36 Prozent des zugeteilten Budgets für Produkt A, 12 Prozent für das Produkt B, 6 Prozent für das Produkt C, 6 Prozent für das Produkt D und die verbleibenden 36 Prozent für die Lösungen E und das generelle Marketing«.

»Seit 1. Januar bin ich für das Messen und Aufspüren der Resultate der Marketingkommunikationsaktivitäten zuständig«, schreibt eine Kollegin, die früher selbst erfolgreiche Kampagnen organisierte. »Das Ziel besteht darin, mit Leistungsberichten eine größere Transparenz unserer Performance zu schaffen. Derzeit stehen wir noch vor dem Problem, dass wir wegen einer dürftigen Datenlage unsere Performance in den verschiedenen Bereichen nicht klar verstehen können.« Wie viele zusätzliche Daten sollen wir Marketingleute denn noch eruieren und in die Systeme eingeben?

Es bleibt zu wenig Zeit für die eigentliche Arbeit des Marketings, nämlich Kundenbedürfnisse zu wecken und zu befriedigen. Die führenden Bürokraten sind den »Künstlern« im Marketing gegenüber misstrauisch. Davon zeugen die Forderungen nach langwierigen Budget-, Beschaffungs- und ROI (Return on Investment)-Nachweisprozessen. Auch karrieremäßig lohnt es sich nicht, sich mit innovativen Kundenprogrammen zu exponieren. Bedingungslose Prozesstreue und Kadavergehorsam lohnen allemal mehr.

Ein weiteres Opfer der Bürokratisierung ist der Verkauf. »Warum verbringt der Verkauf nicht mehr Zeit mit den Kunden«, fragen sich unsere leitenden Manager etwas scheinheilig. Sie müssten eigentlich die Antwort wissen, denn schließlich sind sie es, die von den Verkäufern immer neue, detailliertere und häufigere Berichte verlangen und versuchen, jeden einzelnen ihrer Schritte mit genauen Vorschriften zu determinieren. Eine Analyse des Vertriebsmodells sprach von einer »entmündigten« Verkaufsmannschaft und konstatierte die »Frustration mit den vorhandenen Verkaufsinstrumenten und komplexen Abläufen«, sowie mit den »zeitfressenden internen Prozessen, die die Zeit mit den Kunden limitieren«. Nicht einmal diese deutlichen Worte regten die zuständigen Manager zur Denkumkehr an. Sie setzten weiter auf das scheinbar Bewährte. Das flugs zur Steigerung der Produktivität des Verkaufs formierte Team schlug die »richtigen Instrumente und Prozesse« vor, um den Verkäufern »mehr Zeit draußen beim Kunden« zu ermöglichen, wollte also wie so oft den Teufel mit Beelzebub austreiben. Oberflächenkosmetik statt Reform.

Den Verkäufern bleibt wenig Raum für eigene Initiativen. Sie erhalten von Planungs- und Kompensationsexperten exakte Quotenvorgaben für verschiedene Produkte. Wenn sie ihre Bonifikationen kassieren wollen, müssen sie genau die vorgeschriebenen Produkte verkaufen. Aber erst wenden sie einmal viel Zeit auf, um überhaupt den komplexen Kompensationsprozess und die Auswirkungen auf ihr Einkommen zu verstehen: »Sie sind eingeladen, am Web-Seminar ›Anerkennung von Umsätzen: Basiskonzepte für Verkaufsteams‹ teilzunehmen«, schrieb der Generaldirektor. »Beiliegend finden Sie die Resultate des Workshops über Verkaufskompensation und Quotensetzung. Jeder Verkäufer muss das beiliegende Formular bis Freitag Geschäftsschluss ausfüllen.« »Verkäufer, die für verschiedene Branchen arbeiten, müssen die Daten für jede Branche in separaten Tabellen eintragen«, ordnete ein Bürokrat an. »Das sind die Umrechnungsfaktoren für Ihre Quartalsquoten, alle Aufwertungsfaktoren werden nächste Woche publiziert«, offenbarte ein Produktmanager einen weiteren Grad der Komplexität.

Die exakten Zielvorgaben zeitigen gute Erfolge, wenn auch nicht nur die gewünschten. Um Kundenumsätze, die nicht in ihrer Quote festgeschrieben sind, scheren sich die Verkäufer nicht, auch wenn sie wie reife Früchte ins Körbchen fallen würden, denn dafür gibt es nichts Bares. »Theoretisch sind natürlich auch die Verkäufer am Wohlergehen des gesamten Unternehmens interessiert und an Umsätzen außerhalb ihrer Quote, aber in Wirklichkeit werden sie nur auf die Ziele fokussieren, an denen sie gemessen werden«, hielt ein Verkaufsmanager fest. »Warum sollte ich das verkaufen, wenn mir der Verkauf persönlich nichts einbringt. Moral ist keine Kategorie in meiner Leistungsstatistik«, meinte ein Verkäufer in der Kantine beim Mittagessen.

Mit eher bescheidenem Erfolg versuchen die leitenden Manager die Verkäufer zu animieren, ihr Wissen über Kunden und zukünftige Projekte in den vorgesehenen IT-Systemen vollständig zu dokumentieren. Sie hätten zu wenig Zeit, sagen die Verkäufer, die Systeme seien zu umständlich, um sie mit den umfassenden Daten zu füttern. Aber sie haben wohl auch wenig Lust, alle ihre Geheimnisse mitzuteilen, um dann noch risiko- und müheloser ersetzt werden zu können.

Ihre Manager wurden dennoch nicht müde, Appelle an die Verkäufer zu richten: »Liebes Verkaufsteam, um über die organisatorischen Grenzen besser kooperieren zu können und unsere Gewinnrate durch den richtigen Fokus, die adäquate Unterstützung und Ressourcen zu erhöhen, müssen wir die Nutzung des zentralen Verkaufsautomations- und Kundenbeziehungsmanagementsystems verbessern – besonders hinsichtlich der Qualität der Daten über Kunden und Projekte, Produktlinien, involvierte Partner etc. etc. Beiliegend finden Sie die Systemregeln, um sicherzustellen, dass wir das Maximale aus diesem Instrument herausholen.« Ein paar Wochen später, nachdem der erste Aufruf offenbar wenig gefruchtet hatte, der Wink mit dem Zaunpfahl:

»Da ich heute Nacht nichts Besseres zu tun hatte, überprüfte ich die derzeitigen Systemeinträge und fand nicht allzu viele. Bitte machen Sie dies mit Ihren Teams zur Priorität und überprüfen Sie jetzt die Datenqualität. Die erste formelle Revision wird bald erfolgen.«

Das Management verlangt häufige Berichte von den Verkäufern und gleichzeitig immer mehr Quote: »Schicken Sie Ihre Berichte im üblichen Format per E-Mail, indem Sie Ihre Umsatzvoraussage und Ihre Projekte detailliert anführen. Jeder von Ihnen muss dieses Quartal 120 Prozent seiner Quote bringen, um die Nichterreichung der letzten Quartalsziele zu kompensieren«, verlangte der Verkaufsmanager. Zudem hecheln die Verkäufer – wie die gesamte Belegschaft – den ständigen Änderungen hinterher. Am besten in ihrer Freizeit, meinte der Boss eines wichtigen Marktsegmentes seiner Verkaufsmannschaft: »Hoffe, dass Ihr alle entspannende Feiertage hattet und die Chance, die Informationen über das veränderte Verkaufsmodell und die neuen Prozesse zu absorbieren, genutzt habt.«

Zahlreiche bürokratische Genehmigungshürden hemmen den verbliebenen Schwung der Verkäufer. Wieder übertreffen interne Herausforderungen des Öfteren jene am Markt. »Es ist schwieriger, intern eine Genehmigung für eine Projektofferte zu erhalten – es dauert allein zwei Wochen, um sie in das ›System‹ zu bekommen –, als das Projekt extern zu gewinnen«, wunderte sich ein Verkaufsmanager einer Partnerfirma im Gespräch. Mir scheint, dass heute viele unserer Verkaufsverantwortlichen besser wissen, wie man Kosten richtig verbucht, als neue Kunden gewinnt.

Die administrativen Anforderungen steigen, die Unterstützung geht zurück. »Ich brauchte eine Stunde, um mich für ein Training anzumelden«, schrieb der Verkaufsmanager als Erklärung, warum sich seine Antwort verzögert hatte. »Das Formular ausdrucken, den Antrag in das Beschaffungssystem eintippen, das alles kostete mich sehr viel Zeit.« »Schließlich werden sie viele

AssistentInnen und logistische Jobs eingespart haben und sich wundern, warum die Verkäufer nichts mehr verkaufen«, befand ein anderer Kollege.

Die Herrschaft der Bürokraten wäre undenkbar ohne die weltumspannenden IT-Systeme. »Jetzt bekommen die Bosse in der Zentrale in Sekundenschnelle die genauen Zahlen, was wir auf Lager haben, mit welcher Auslastung wir produzieren, und können dann planen, welche Produktionsstätte sie als nächste dichtmachen«, erkannte ein Mitarbeiter das Potenzial der Technologie. Wenn es um Ausgaben für neue IT-Systeme geht, zeigen sich die Konzernherren ausnahmsweise nicht von ihrer knickrigen Seite. Schließlich haben die Finance-Leute diesen neuen Technologien viel zu verdanken. Sie hatten ihnen erstmals alle Unternehmensdaten zugänglich gemacht und damit die Macht im Unternehmen beschert.

So finden sich unzählige sogenannte IT-Applikationen im Konzern. Über viertausend erwähnte einer unserer früheren Vizepräsidenten bei einer Mitarbeiterversammlung, Tausende weitere brachte dann der Konzern als Mitgift ein, der uns in der Folge übernahm. Jedes dieser Systeme bildet einen kleinen Nukleus im Unternehmen, den eine Vielzahl von Mitarbeitern betreuten, dem sie eine eigene »Identität« verpassen und dessen, wie sie meinen, unersetzliche Dienste sie unermüdlich im Unternehmen bekannt machen. Sie bombardieren die künftigen Nutzer, die schon jetzt unter der Systemlast stöhnen, mit Einladungen zu umfassenden Trainings, neuen Handbüchern, regelmäßigen Newsletters und drohen, wenn diese die Vorteile des neuen Systems nicht gleich erkennen wollen und es nur zögernd mit Daten füttern, mit Sanktionen.

Die an die Einführung neuer IT-Systeme geknüpften Hoffnungen sind hoch, in der Regel zu hoch. Die Begehrlichkeit der leitenden Manager nach totaler Kontrolle und Transparenz bis ins kleinste Detail führt zu einer ungeheuren Komplexität, die schwer zu beherrschen ist. So werfen die Verantwortlichen immer mehr Ressourcen in die Schlacht und lassen teure neue Systemversionen entwickeln, aber die Probleme bleiben und die Komplexität steigt. Die geplagten Nutzer vergeuden immer mehr wertvolle Zeit mit Systemen, die nicht funktionieren. Die Fehlerliste, für die das Support-Team eines besonders fehleranfälligen IT-Systems Besserung gelobte, war lang. Ein frustrierter Nutzer hatte – zeitaufwendig – Buch geführt: »Ich habe 139 Ordner, 760 Dokumente, die Schwierigkeiten bei der System-Implementierung betreffen, gespeichert und systematisiert, ohne dafür ernannt worden zu sein – irgendwelche Fragen, ruft einfach an«, forderte er die Nutzer-Gemeinschaft auf. Und dann kam er zu einem vernichtenden Schluss, den er seinen zahlreichen Schicksalsgenossen nicht vorenthalten wollte: »Unter dem Strich – eine riesige Investition (Lizenzen, Training, Leute, Zeit, Wochen von Telefonanrufen) für so gut wie keinen Geschäftsvorteil; ein ausgezeichnetes Geschäft für den Lieferanten, aber kein Zusatznutzen für unser Tagesgeschäft.« Ein Vertreter der offiziellen Konzernlinie versuchte halbherzig abzuwiegeln: »Ich bin sicher, dass sich die Investition bald rechnet. Die Implementierung eines derartigen Instruments braucht Zeit, Geduld und eine positive Einstellung der Nutzer.« So viel Geduld zeichnet unser leitendes Management sonst nicht aus.

Die Sucht der Bosse nach immer mehr Daten und Kennzahlen ist trotzdem ungebrochen. Selbst die Bürokraten stöhnen. »Vergessen Sie nicht, dass die Datenbank über hundert Millionen Datenreihen zu durchsuchen hat«, mahnte die Mail eines Systembetreibers den Nutzer, der sich über den langwierigen Zugriff beschwerte, zur Geduld. Wer durchstreift diese riesigen, undurchdringlichen Datensammlungen, die immer mehr zu Datenfriedhöfen mutieren, frage ich mich. Für eine fundierte Analyse wäre ein weiteres kleines Heer von Zahlenjongleuren notwendig.

Die versprochene nahtlose Integration mit früheren und anderen Systemen bleibt meist nur ein Wort. So überlagern die neuen

Systeme bestehende: »Machen Sie Ihren Eintrag erst im Marketingbudgetplanungs- und -kontrollsystem MBPC und dann im Kluger-Einkauf-System (KE) und vergessen Sie dabei nie, dass MBPC weder KE ersetzt noch ›Compra‹ – der Kaufantrag und die konzerninterne Verrechnung müssen weiter durchgeführt werden, auch wenn Sie bereits alles in MBPC gemacht haben ...« Das erfreut den gestressten Nutzer.

Zudem bleibt immer noch der Faktor Mensch, auch wenn ihn unsere Manager immer zu verdrängen suchen. Es sind Menschen, die die Daten in die Systeme eingeben, mit all ihren Stärken und Schwächen: »Kein Berichtsinstrument kann gültige und nützliche Berichte liefern, wenn sie auf dürftigen oder ›schmutzigen‹ Daten beruhen«, erkannte einer der Chefs die Achillesferse in einer Botschaft an die Datenlieferanten. »Es wurde mir zur Kenntnis gebracht, dass wir für ein und dieselben Projekte doppelte Einträge in unserem System haben«, schrieb ein anderer. Ein Verkäufer manipulierte – in der Hoffnung auf sein Überleben im Konzern – Informationen über potenzielle Kunden und Geschäfte. Seine Fälschung wurde aufgedeckt, viele andere nicht.

Trotzdem bleiben die Systeme unverzichtbar. Mit ihrer Hilfe können die Bosse ihre Streichorgien umsetzen und die Mitarbeiter disziplinieren. Sie ermöglichen das weltweite »Schließen« des zentralen Beschaffungssystems vor Quartalsende, das »Einfrieren« der Kopfzahl, die durchgängige Kontrolle durch den obersten Finanzchef, die Information des Generaldirektors, wenn ein Mitarbeiter im zentralen Reservierungssystem Businessclass bucht, das Dichtmachen der Personalsysteme, um das kreative Jonglieren mit »Kopfzahlen« und Kostenstellen in Restrukturierungszeiten zu verhindern.

Welches Ausmaß das obsessive Kontrolldenken erreichen kann, bewiesen eindrucksvoll Deutsche Telekom und Deutsche Bahn. 300 000 Bahnmitarbeiter, für die Chefs offenbar alle potenzielle Feinde, bespitzeln zu lassen, war gewiss kein leichtes Unterfangen, aber die Revisionsabteilung ging eifrig und kreativ an die Angabe heran. »Eichhörnchen, Uhu, Kabeljau, Thymian, Rosmarin, Basilikum oder Flieder hießen einige der 43 Operationen, mit denen das Unternehmen in den vergangenen zehn Jahren im Namen der Korruptionsbekämpfung die eigenen Mitarbeiter ausgespäht haben soll. Teils präventiv, ohne konkreten Anlass«, las man im ›Spiegel‹ (5/2009). Wenn es um Kontrolle geht, ist den Konzernen nichts zu teuer und zeitaufwendig. Dabei sollten sie sich eigentlich um ihr Geschäft kümmern, es gäbe genug zu tun, das weiß man als Bahnfahrer.

Die Konkurrenz im Konzern fördern statt am gemeinsamen Strang ziehen

Unser Konzern zerfiel immer mehr in selbstständige Teile, sogenannte Geschäftsbereiche, die das Trennende über das Gemeinsame stellten. Die Schluchten wurden tiefer und die Zusammenarbeit mit Kollegen, die den anderen »Lagern« angehörten, wurde mühsamer. »Wir müssen im Unternehmen verstärkt auf Fokus und Differenzierung für unsere Produkte und Dienstleistungen setzen«, hatte unser CEO verkündet und damit die Entwicklung beschleunigt. Seine Motive waren die altbekannten – mehr Profit und Kontrolle. Von jedem der weitgehend selbstständigen Geschäftsbereiche erwartete er gesteigerte Profitabilität und Kostentransparenz, die seiner Meinung nach wieder zu Kostensenkungen führen müssten. Die Erfolge und Misserfolge der separaten Teile wären auch besser zu messen und leichter zuzuordnen, meinte er. Vom Motiv des klassischen »teile und herrsche« sprach er nicht, aber gewiss dachte er daran, wie auch an das »gesunde« künftige interne Kräftemessen zwischen den Geschäftsbereichen. Alles natürlich nur zum Wohle des Unternehmens.

Die Differenzierungsbemühungen waren erfolgreich. Mit großer Dynamik und beträchtlichem Aufwand errichteten die neuen

Geschäftsbereiche ihre eigenen Organisationen, besetzten Personal-, Finanz- und Marketingfunktionen mit loyalen Gefolgsleuten und grenzten ihre »Silos« ab. »Verrückt, welche Organisationen die Geschäftsbereiche sogar in den Regionen aufbauen«, seufzte ein Manager. Perplex konstatierte die Werbemanagerin, die früher für das gesamte Produktportfolio des Unternehmens zuständig war, dass »jetzt vier Leute in den Geschäftsbereichen den Job machen, den ich allein machte, wenn ich auch zugegebenermaßen immer lang gearbeitet habe«. Auch bei anderen regte sich die Einsicht: »Mit dieser Struktur werden wir auf keinen Fall Geld sparen können.« »Bald werden wir die neu geschaffenen Grenzen übertreten müssen, um noch etwas vorwärts zu bewegen. Ich kann nicht jedes Mal Hunderte von Leuten involvieren, sonst kommen die Entscheidungen zu spät, wenn überhaupt welche zustande kommen«, befürchtete einer der wenigen einsichtigen Manager aufgrund der neuen Komplexität der Entscheidungsfindung.

Ungeachtet der Zweifler genossen die Leiter der Geschäftsbereiche, nunmehr alle selbst ernannte Generaldirektoren, ihre gestiegene Bedeutung und gingen daran, ihr eigenes und das Profil ihrer Organisation zu schärfen. Sie entwickelten ihre speziellen Visionen und Missionen, vergatterten ihre Gefolgschaft dazu und trugen die Gruppenbotschaft nach außen. Schnell entwickelte sich das »Wir« und »Ihr« im gleichen Unternehmen. »Wir stehen für Vision, Engagement und Ausführung; ihr habt meine Zusage für uneingeschränkte Exekution«, verkündete der Chef eines Geschäftsbereichs beim Verkaufstreffen. »Unsere Gruppe ist wichtig innerhalb des Unternehmens, auch wenn Sie vielleicht etwas anderes gehört haben. Wir sind ein ernsthafter Partner für Sie«, strich ein anderer die Bedeutung seiner Teilorganisation bei einer Kundenpräsentation hervor. In lupenreinem Gruppenverhalten blickten die Mitarbeiter innerhalb einzelner Geschäftsbereiche auf jene außerhalb herab. Wir Menschen sollen ja die Neigung haben, Fremdgruppenmitglieder und Außenseiter abzuwerten und zu drangsalieren, sagen die Psychologen. Einst integrale Teams wuchsen unglaublich schnell auseinander. Durch die Silowände drang wenig Information. Für Synergien war jetzt nicht die Zeit. Gemeinsame Aktivitäten wie Kampagnen zur Stärkung der gemeinsamen Dachmarke lehnten die Geschäftsbereiche ab. Sie wollten mit ihren Budgets ihre Ziele verfolgen. So erfuhr der Geschäftsführer eines Landes, der seine Kompetenzen nunmehr mit den neuen Geschäftsbereichsleitern teilte, zufällig von einem Kunden, dass sein Kollege beschlossen hatte, ein nationales Tennisturnier mit 50 000 Dollar zu sponsern. Zu einer für das gesamte Unternehmen wichtigen Aktivität hatte dieser nichts beitragen wollen. Sie wollen nicht teilen, die neuen Chefs. »Wir hätten genug Ressourcen, wenn nicht jeder der Geschäftsbereichsleiter seine eigenen Leute eifersüchtig abschirmen und sie exklusiv für den eigenen Bereich einsetzen würde«, meinte ein Kollege.

Die neuen Geschäftsbereiche boten Heimat hinter den hohen Mauern, forderten aber bedingungslose Loyalität von ihren Mitgliedern. Grenzgänger, die sich vorrangig noch als Mitarbeiter des Gesamtunternehmens sahen, waren nicht sehr geschätzt und geschützt. Ein frühes Opfer wurde der neue Vizepräsident für Marketingkommunikation. Er stellte in einem Konferenzruf fest, dass die Konzernbotschaft stark fragmentiert sei. »Sie haben vielleicht 15 Mitarbeiter im Raum und bekommen 22 Antworten, wofür unser Unternehmen steht. Wenn eine Pressekonferenz veranstaltet wird und drei Geschäftsbereiche involviert sind, wird es drei Presseaussendungen geben. Der Lärmpegel geht nach oben, das Niveau des Inhalts geht nach unten.« Er versprach die »Vereinheitlichung und Abstimmung der Botschaften, einen stärkeren ›Konzernschirm‹, Konsistenz, wöchentliche Treffen mit den Geschäftsbereichen, einen einzigen globalen Kommunikationsdirektor für alle Bereiche …« Zehn Tage später erhielten wir eine hochvertrauliche Mail folgenden Inhalts: »Mit heutigem Tag ist der VP für Marketingkommunikation nicht mehr länger in unserer Firma …« Er hatte sich offenbar zwischen den Fronten zu viele Feinde gemacht. Auch ein anderer Kollege vermutete, dass sein eigener plötzlicher Abgang eine Folge seiner mangelnden Gruppentreue war: »Gesagt haben sie, es ist wegen der Kosten. Aber dass ich über Geschäftsbereiche hinweg gearbeitet habe, war auch nicht eben populär«, meinte er. Sie sind offenbar eine gefährdete Spezies, die Kollegen, die im zerklüfteten Unternehmen nicht klar einem Lager zuzuordnen sind.

Die Skepsis der Mitarbeiter findet beim Management wie so oft kein offenes Ohr. Bei der ominösen anonymen Mitarbeiterbefragung bezeichneten sie das neue Geschäftsbereichsmodell als das »größte Problem und die bedeutendste Frustrationsquelle« und waren der Meinung, dass diese »Organisationsform nicht den Kundenbedürfnissen entspräche, einen negativen Einfluss auf die Erreichung der Geschäftsziele habe und das Risiko erhöhe, Kunden zu verlieren«. »Würde es nicht Sinn machen, das neue Organisationsmodell jetzt in dieser Phase zu reevaluieren«, insistierte ein Kollege bei einer internen Veranstaltung. Die Antwort des leitenden Managers: »Nein, erst müssen wir es fertig implementieren, jetzt wo wir schon so viel Zeit und Mühe aufgebracht haben. Dann können wir das wieder überlegen.« Auch die gewieften Konzernüberlebenskünstler, die Entscheidungen von oben wie unvermeidliche Naturereignisse hinnehmen, beschwichtigten die Kritiker und verwiesen darauf, dass diese »weitreichenden Entscheidungen, wenn sie erst einmal ihr volles zerstörendes Potenzial entwickelt hätten, nach einiger Zeit wieder zurückgenommen würden.« Jede Revolte, haben sie für sich gefolgert, sei nur ein Verschwenden von Zeit und Energie. »Versuche damit zu leben und das Beste daraus zu machen. Suche Wege, mit deinen Kollegen zusammenzuarbeiten und wenigstens noch ein paar Synergien zu schaffen. Nach einiger Zeit werden unsere obersten Chefs darauf kommen, dass dieses Organisationsmodell teuer und langsam ist. Dann werden sie – entgegengesetzte – Entscheidungen treffen«, tröstete mich ein Konzernprofi.

Es wächst die Erkenntnis, dass »es in Wirklichkeit jetzt vier Unternehmen sind«. Das ausgeprägte Lagerdenken der Geschäftsbereiche macht die Zusammenarbeit mühsam, oft sogar feindselig. Im Kampf um Anerkennung und um knappe finanzielle und personelle Mittel setzen Manager und Mitarbeiter nicht immer die feinsten Mittel ein. Es kommt zu Scharmützeln. So erlaubte der Produktmanager eines Produktes nicht, dass die Produkte eines Rivalen, die einander dummerweise bestens ergänzten, Aufnahme fanden in seine Broschüre. Bei einer Presseveranstaltung konkurrierten zwei Produktgruppen, die ihre Präsentationen zeitgleich in verschiedenen Sälen ansetzten, um die Teilnahme der Journalisten. Der Marketing-Rat, der eigentlich als Instrument der Kooperation und grenzüberschreitenden Abstimmung etabliert wurde, entpuppt sich als Tribunal, in dem die Mitglieder einander aggressive Vorwürfe machen, weil sie von Aktivitäten der »anderen« nichts gewusst hätten oder nicht ausreichend involviert gewesen seien. Die von den »anderen« initiierten Tätigkeiten werden seziert, lächerlich gemacht und dann kopiert. Das Misstrauen ist groß. So hatte der Leiter eines Geschäftsbereichs zwar externe Vertriebspartner von seiner Absicht informiert, ein Unternehmen zu akquirieren, nicht jedoch seine Kollegen von den anderen internen Geschäftsbereichen. Sie erfuhren von dem Vorhaben zufällig von einer der umworbenen Firmen. Der Geschäftsbereich auf Einkaufstour hatte befürchtet, dass die anderen seinen schönen Plan nicht goutieren und frühzeitig zerstören könnten.

Auch die Geschäftspartner bleiben nicht ungeschoren von den Grabenkämpfen. Ein wichtiger Lösungspartner erzählte mir, wie beleidigt einer unserer Geschäftsbereiche war, weil er es gewagt hatte, Repräsentanten eines anderen Geschäftsbereichs zu empfangen, um gemeinsame Geschäfte zu diskutieren.

Zusätzlich erschwert die neue organisatorische Komplexität die Zusammenarbeit. Feinster Konzernbarock, sagte ich mir, als ich die neuen üppigen Organigramme sah. In ihrem Differenzierungseifer ordnen unsere Manager auch bisher unternehmensübergreifende Funktionen wie die Vertriebspartnerorganisation einzelnen Geschäftsbereichen zu. Diese fungieren dann als »Gastgeber« für diese Funktion. Interessenskonflikte sind bei diesen künstlichen Konstrukten, die kaum noch durchschaubar sind, vorprogrammiert: »Wie schon angekündigt, wird das Team, das sich um die wichtige Zielgruppe D kümmert, zum Geschäftsbereich B wandern. Der Verkauf wird aber weiterhin beim Geschäftsbereich A bleiben und auf die Produkte des Geschäftsbereiches A bei kommerziellen Kunden fokussieren.« Man könnte glauben, noch komplizierter geht es nicht. Weit gefehlt. Die Ankündigung der Organisation des Marketing für die nämliche Zielgruppe D zeigte, dass noch eine Steigerung möglich ist. »Wir freuen uns, Ihnen mitteilen zu können, dass das Geschäftsbereich-A-Marketing für die Zielgruppe D organisatorisch bei der Untergruppe ABB angegliedert sein wird. Sie erinnern sich vielleicht, dass wir bei der Ankündigung des neuen Organisationsmodells berichtet haben, dass das Zielgruppen-D-Team zum Geschäftsbereich B transferiert wird. Das ist der richtige Weg, um sicherzustellen, dass der Geschäftsbereich B direkten Zugang zu seiner wichtigsten Kundenbasis hat. Die Zielgruppe D ist sowohl für den Geschäftsbereich B wie auch für den Geschäftsbereich A, also für unseren gesamten Geschäftserfolg, ganz wesentlich. Wir müssen eng zusammenarbeiten, um zu garantieren, dass sich unser Unternehmen gegenüber unseren derzeitigen und künftigen Kunden in der Zielgruppe D mit einem einheitlichen Gesicht präsentiert. Das Zielgruppen-D-Marketingteam wird sicherstellen, dass der Geschäftsbereich A diese Marktchancen voll realisiert, indem er sich der Arbeit des Geschäftsbereich-B-Teams bedienen wird.« Das erschien mir bei der Komplexität eine verwegene Schlussfolgerung.

Bei den Mitarbeitern, aber auch Partnern und Kunden greift Verwirrung um sich. »Ich bin der neue Marketingmanager für das Produktuntersegment DC. Ich habe eben zufällig von Plänen gehört, dass unsere neueste Produktentwicklung demnächst der Öffentlichkeit vorgestellt wird und möchte anfragen, ob wir das nicht ein bisschen koordinieren könnten, um den Markt nicht zu sehr zu verwirren. Wer leitet eigentlich dieses Programm in unserem Unternehmen?« Offenbar weiß die linke Hand schon wieder nicht, was die rechte tut.

Eine Marketingmitarbeiterin des Geschäftsbereiches A aus einer Landesorganisation stellte folgende Anfrage an das regionale Marketing: »Seid bitte so nett und teilt mir mit, wo ich die 4000 Dollar Budget finden kann für die Produkt-A-spezifischen Aktivitäten für die Zielgruppe D. Weiters bitte ich Euch höflich, mir die Aufteilung der Mittel für die bereichsübergreifenden, auf die Zielgruppe D fokussierten Maßnahmen zur Umsatzsteigerung zu schicken. Ich bin schon sehr verwirrt. Herzlichen Dank für Eure Unterstützung.« Es folgte die brüske Antwort der regionalen Marketingmanagerin vom rivalisierenden Geschäftsbereich B: »Es gibt keine Aufteilung der Mittel. Zudem werden diese sowieso nicht von Dir, sondern Deinem Kollegen, der Zielgruppen-D-Marketingperson im Land, gemanagt. Das Zielgruppen-D-Team ist organisatorisch beim Geschäftsbereich A angesiedelt, daher erscheinen alle Budgets dort auf. Aber in unserer Region haben wir eine unterschiedliche Anordnung getroffen. So werden alle diesbezüglichen Budgets von Deinem Kollegen im anderen Geschäftsbereich geplant, genehmigt und verwendet.« So weit, so verwirrend.

Spät erkennt das Management das Ausmaß der internen Konkurrenz und mahnt wieder zu mehr Gemeinsamkeit. Aber die Überwindung der Grenzen ist bei den komplexen, fragmentierten Strukturen und den unterschiedlichen Interessenslagen schwierig und zeitaufwendig. Unsere Manager setzen auf formelle Instrumente und Gremien, die bisher innerhalb eines Unternehmens eher unüblich waren.

Versuche, über Bereichsgrenzen zu kooperieren, gestalten sich mühsam. »Diese neue Entwicklung schafft große Marktchancen für unser Unternehmen. Um diese Chancen zu nutzen, brauchen wir eine enge Abstimmung über die Marktbearbeitung zwischen Geschäftsbereich D und Geschäftsbereich B. Dabei wollen wir die Stärken unseres Unternehmens optimieren, interne Konkurrenz, Inkonsistenz und Verwirrung beim Umgang mit den Kunden vermeiden. Daher wird ein ›Rat zur Organisation des Kundenmanagements‹ geschaffen, dem die beiden Geschäftsbereiche D und B und die relevanten Produktuntergruppen angehören werden. Geschäftsbereich B führt den Vorsitz. Das vorliegende Memorandum beschreibt, wie wir am besten mit den bestehenden Überlappungen umgehen, während wir weiterhin nach Kundenzufriedenheit, unserem obersten Ziel, streben. Unter anderem wird ein unternehmensinterner Prozess zur Überprüfung der potenziellen Projekte geschaffen, um die Koordination im Umgang mit den Kunden über alle Bereiche hinweg sicherzustellen und einen Eskalationspfad bei Meinungsverschiedenheiten zu definieren … Unser Unternehmen hat eine einzigartige Möglichkeit, sich am Markt zu differenzieren. Die gemeinsame Vorgehensweise, mit konsistenten Zielen und Prozessen, ist der beste Pfad, um signifikantes Wachstum zu erzielen. Danke«, sagten gleich sechs Vertreter der involvierten Geschäftsbereiche, zwei geschäftsführende Vizepräsidenten, ein »höherer« Vizepräsident und ein normaler Vizepräsident und Generaldirektor. Von der Initiative haben wir im Übrigen später nicht mehr viel gehört, wie von vielen anderen Aktvitäten auch, die versuchten, mehrere Geschäftsbereiche zu involvieren, aber vor ihrem Einsatz am Markt bereits dem internen Minenfeld zum Opfer fielen.

Der Koordinationsaufwand ist riesig. So versuchte ein umfassendes »Referenzbuch« den Mitarbeitern die verschiedenen Rollen und Verantwortlichkeiten in den Geschäftsbereichen, den funktionalen Abteilungen, den Länder- und zentralen Organisationen zu erklären. Bei jeder der zahllosen Job-Ankündigungen wird als wesentliche Aufgabe der Positionen die Brückenfunktion zu den anderen Bereichen betont. Sogar eigene Mitarbeiter werden für die »Verbindung, Abstimmung über Geschäftsbereiche hinweg, für die Synchronisation oder als Schnittstelle« abgestellt. Zusätzlich sollen mehrfache Berichtslinien der Mitarbeiter, die folglich zwei oder drei Chefs zu Diensten waren, den Zusammenhalt zwischen den einzelnen Teilen herstellen. »Das ist gewiss eine neue Situation für mich – drei Manager zu haben ;-), aber ich bin sicher, dass sie alle im Konsens die besten Entscheidungen für die regionale ›Totale-Kundenzufriedenheitsstelle‹ erreichen werden«, gab sich die neue Stelleninhaberin konzernpolitisch korrekt optimistisch.

Wieder einmal liegen die größten Herausforderungen für uns Mitarbeiter im Unternehmensinneren. Daher setzen viele auch das Maß für den Erfolg bereits dort an. Wenn es gelingt, intern ein paar Geschäftsbereiche für eine gemeinsame Initiative zu gewinnen, feiern die Initiatoren dies schon als großen Sieg. Auch wenn noch kein potenzieller Kunde je von dieser Initiative gehört hat. Da würde die eigentliche Arbeit erst beginnen, dachte ich mir, wenn ich Informationen wie diese las: »Durch die quer durch das Unternehmen gehende Führungsstärke des Programmmanagers, haben wir signifikante Fortschritte bei einer unserer wichtigsten Initiativen gemacht, vor allem, indem wir Verpflichtungs- und Ressourcenmodelle zwischen Geschäftsbereich A und B entwickelt und vorangetrieben haben.« Noch kein Wort vom Kunden. »Ihr habt von unserer Absicht gehört, den Kampf zu den Konkurrenten zu tragen. Unser Projekt zum Angriff auf den Wettbewerb, ›Elend‹, ist die am meisten integrierte Zusammenarbeit über die Grenzen von Geschäftsbereichen hinweg, die jemals in unserem Unternehmen initiiert wurde.« Das »Elend« war offenbar für das ins Visier genommene Konkurrenzunternehmen gedacht, das den geplanten, aber niemals konsequent ausgeführten Angriff tadellos überstand, während zwei der Hauptinitiatoren des Programms unfreiwillig unser Unternehmen verließen.

Das Selbstverständliche wird zum Besonderen, der Kampf im Inneren zum Alltag. Die Zeit und Energie der Mitarbeiter ist bereits nach der internen Koordination erschöpft. Für den Markt bleibt nicht mehr viel. »Wir haben nur zwei Konkurrenten, die Nummer eins am Markt und uns selbst«, merkte ein Kollege an. Das Unternehmen stolpert über die selbst auferlegten Limitationen, die errichteten Silos und die starren Regeln. Die erhöhte interne Komplexität überträgt sich auf Kunden und Partner, die es vorziehen würden, das Unternehmen als konsistenten, integeren Partner zu haben und nicht als zerstrittenen Haufen. Allerdings ist es bei der Konkurrenz um nichts besser.

Da die Geschäftsleitung von jedem einzelnen Geschäftsbereich Profitabilität erwartet, gingen die Chefs bei den Gewinnspannen keine Kompromisse ein. Strategisch entscheidende Projekte wurden gnadenlos geopfert, weil einer der Geschäftsbereiche seine Margenziele innerhalb des Projekts nicht verwirklichen konnte. Auch wenn die insgesamt, über alle Geschäftsbereiche und Produktgruppen hinweg, für das Unternehmen erzielte Rendite positiv gewesen wäre und die Tür zu einem strategisch wichtigen Kunden geöffnet oder offen gehalten hätte. So wurde von den Konzernverantwortlichen auch eine echte Innovation unbarmherzig gekillt, die nicht profitabel war. Sie hätte aber für den Verkauf eines strategisch wichtigen Segments einen gewaltigen Impuls bedeutet. Auch das Team, das Produkttrainings veranstaltet, muss profitabel sein, mit dem Effekt, dass die Preise steigen und sich viele Geschäftspartner die Trainings nicht mehr leisten können und wollen.

Der Eigentümer eines unserer größten Vertriebspartner sagte es uns bei seinem Besuch offen. »Seit jede eurer Produktgruppen ihre eigene Gewinn- und Verlustverantwortung hat, agieren sie wie Inseln. So sagte beispielsweise der Kundenservicemanager, er könne mit seinem Preis nicht mehr weiter heruntergehen. Aber gerade sein Preisnachlass war entscheidend, das gesamte Geschäft, ein in der Summe sehr profitables Geschäft, zu gewinnen. Ihr müsst mehr reden miteinander, um ein vollständiges Bild vom Projekt und vom Kunden zu haben.«

Aufwendig ist auch die ordnungsgemäße Zuordnung der Kosten zu den angeblichen Verursachern. Selbst wenn es nur um bescheidene Beträge geht, wird kein Aufwand gescheut, diese einem anderen Geschäftsbereich weiterzuberechnen. Besonders arg wurde es, als sogar die Putzfrau, die eine leere Schachtel wegräumte, erst nach der Kostenstelle des Mitarbeiters fragte, der die Schachtel zum Wegräumen hingestellt hatte, bevor sie aktiv wurde. Neue Anweisungen vom Chef. Mit der viel beschworenen Kostenwahrheit ist es aber trotzdem nicht so weit her. Wenn es vor Verkündigung der Quartalszahlen konzernpolitisch opportun ist, werden die Kosten mit ein wenig Kosmetik so geschlichtet, dass auch ein Geschäftsbereich, der vielleicht nicht so profitabel wäre, dann im Quartalsbericht noch ganz gut dasteht.

Ständig alles restrukturieren und doch nicht vom Fleck kommen

In den neuen komplexen Organisationsstrukturen finden sich bereits die Keime für zukünftige Änderungen. Die Konzerne setzen auf permanente Veränderung, halten Bewegung für Fortschritt. »Der Wandel an sich ist gut«, befand euphorisch einer unserer Manager, als er eine neuerliche Umorganisation initiierte. Das Management unterhält ein fast erotisches Verhältnis zur Veränderung. »Embrace change«, den Wandel umarmen, vorbehaltslos annehmen, lautet die schlichte Devise, egal, wohin die Veränderung führt. Dass ständige Veränderung zu Stillstand führt, weiß ich aus langjähriger Erfahrung. Aber für unsere Manager ist sie tatsächlich ein famoses Instrument. Manager, die keinen Stein auf dem anderen lassen, gelten in der Öffentlichkeit als dynamisch und durchschlagskräftig. Niemand fragt, aus welchem Grund eine neuerliche Umorganisation, die wieder Tausende Mitarbeiter beliebig auf dem Schachbrett hin und her oder überhaupt wegschiebt, notwendig wurde. War es eine frühere stümperhafte Entscheidung oder die Entmachtung missliebiger Rivalen oder die Ablenkung von tiefer greifenden Problemen im Unternehmen? Egal, der Wandel kommt draußen gut an. Und drinnen wissen die Mitarbeiter, welche professionelle Euphorie sie jedem Wandel schulden.

»Danke den Teams für ihre Unterstützung und die positive Einstellung, wenn wir nun diesen Zyklus der Veränderung angehen«, kommunizierte das Management. Dieser »Zyklus« wurde erst durch die unnötige Entsorgung einer jahrelang erfolgreichen Managerin notwendig. »Akzeptieren Sie, dass Veränderung unvermeidlich ist. Ihre Professionalität, Kundenorientierung und der Wille zu gewinnen werden die Implementierung von permanentem Wandel zu einem natürlichen Prozess machen«, schrieb ein langjähriger Manager in seiner Abschiedsbotschaft, als er nach fast zwanzig Jahren das Unternehmen verließ. Überlebt hatte er so lange, weil er keine der unzähligen Veränderungen in Frage gestellt hatte, egal, ob sie sinnvoll oder sinnlos waren. So war es denn auch konsequent, dass sich nur wenige Kollegen zum Abschiedsfest einfanden. Sie hatten seinen Weggang als natürliche Veränderung bereits unsentimental zur Kenntnis genommen.

Im Zuge einer der unzähligen Restrukturierungen, auch Belegschaftsmanagement genannt, wurde der Job einer erfahrenen amerikanischen Kollegin wegrationalisiert. Mit Glück fand sie einen neuen Job innerhalb des Unternehmens, der zwar ihrem Know-how nicht entsprach, aber immerhin das Verbleiben im Unternehmen ermöglichte. Sie war sich bewusst, was von ihr auch unter weniger erfreulichen Umständen erwartet wird – Enthusiasmus –, und enttäuschte nicht: »Veränderung ist gut für uns alle. Sie führt dazu, dass wir denken und unsere Prioritäten reflektieren. Ohne Veränderungen gäbe es keine Schmetterlinge!« Ein paar Wochen später hat sie dennoch das Unternehmen verlassen und bei einem anderen angeheuert.

»Gewiss sind Veränderungen aufreibend für Kunden und Mitarbeiter, aber das ist bei Veränderungen dieser Art nicht zu vermeiden«, kommentierte ein Marktbeobachter, der das wahre Ausmaß der Begleiterscheinungen gewiss nicht abschätzen konnte. Ein anderer meinte: »Veränderung ist gut, sogar für ein Unternehmen, dessen Aktien in letzter Zeit stark gestiegen sind.« Auch er hinterfragte nicht, was die geplanten Veränderungen eigentlich bewirken sollten.

Es gibt viele Anlässe für Veränderungen. So ist, was der Vorgänger gemacht hat, prinzipiell schlecht. Das ist nicht neu. Wie schon ägyptische Pharaonen die Gesichter und Namen ihrer Amtsvorgänger aus Monumenten meißeln ließen, sind nachfolgende Manager bemüht, die Spuren ihrer Vorgänger zu entfernen und deren Entscheidungen, selbst wenn sie Sinn gemacht haben, zu widerrufen. Zum Wohlgefallen vieler: »Der neue CEO revidiert die Schritte seines Vorgängers und setzt auf trockene Finanzkennzahlen statt auf großartige Visionen«, merkte ein Journalist anerkennend in einem Wirtschaftsmagazin an. Eine Tageszeitung lobte den neuen Besen. »Zahllose Entscheidungen des früheren CEO wurden zurückgenommen. Das wurde alles schnell gemanagt, ohne großes Getue.« Mit dem angeblichen Ergebnis, dass »das Unternehmen nunmehr in einem weitaus besseren Zustand ist«. Wieder eine dieser magischen Verbesserungen, von denen wir Mitarbeiter nie etwas mitbekommen.

Mitarbeiter im Dunstkreis der früheren Chefs werden entfernt. »Er war einer der Manager, die vom früheren CEO aufgebaut wurden und Teil des inneren Zirkels war.« Grund genug, um ihn loszuwerden. Der neue CEO umgab sich mit einem eigenen, rasch wachsenden Netzwerk von Vertrauten. Denn »CEOs pflegen leitenden Managern, die ihren Vorgängern nahe waren, nicht zu vertrauen«. Sie pflegen auch Schwerpunkte, die ihre Vorgänger gesetzt haben, zu eliminieren. Frühere Initiativen werden dann als Luxus abgetan, den sich das Unternehmen nicht mehr länger leisten kann. Ohne Rücksicht auf Verluste. Eine langjährige engagierte Mitarbeiterin konnte es nicht fassen: »Ich habe gehört, dass diese wichtige Initiative tot ist, umgebracht wurde, und dass sie sogar von der Verwendung des Namens dieser Initiative abraten, um nicht das Missfallen des CEO zu erregen. Das scheint mir ein riesiger Fehler. Ich mache mir Sorgen, wenn so viel Markenwert und soziales Kapital weggeworfen wird, das wir durch unser bisheriges Engagement erworben haben. Kunden und Partner sind verwirrt, wissen nicht mehr, wo wir wirklich stehen.«

Mehr Fokus auf einzelne Produktgruppen oder mehr Synergie durch die Nutzung des gesamten Portfolios, Synergie oder Fokus? Unser Management konnte sich nie eindeutig entscheiden. Als das Pendel in Richtung mehr Gemeinsamkeit ausschlug, beschloss der CEO die Einführung einer zentralen »Kundengruppe«, in der alle Verkäufer angesiedelt sein sollten und die den Kunden alle Produkte und Dienstleistungen näherbringen sollten. Unter dem vielversprechenden Titel »Für die Zukunft fit werden« informierte uns die Geschäftsleitung, dass diese »Neuausrichtung nötig sei, um unseren Kundenfokus zu stärken, die Organisation im Hinblick auf Geschwindigkeit und Effektivität zu vereinfachen und unser Wachstum zu beschleunigen«. Das Management scheute keinen Aufwand, um die Änderung zu implementieren. Eine eigene weltweite Programm-Management-Institution wurde installiert und durch eigene Teams ergänzt. Sie sollte sicherstellen, dass »konsistente globale Prozesse über alle Organisationen hinweg zum Einsatz kommen«. Das ist immer das Wichtigste. Dann folgte der übliche, vergebliche Aufruf an die Mitarbeiter. »Bleiben Sie auf den Kunden und die Erreichung unserer Quartalsziele fokussiert, um sicherzustellen, dass wir die Zusagen und Erwartungen gegenüber unseren Kunden, unseren Aktionären und uns selbst erfüllen.«

Eineinhalb Jahre später, ohnehin schon eine kleine Ewigkeit im Konzernleben, legte das Management den Hebel wieder von Synergie auf Fokus um. Die Mitarbeiter hatten eben begonnen, die neue Organisation zu verstehen, die Kunden kannten allmählich ihre Ansprechpartner, als das neue Management – wiederum mit der obligatorischen Begeisterung – das neue Organisationsmodell vorstellte. Die mühsam etablierte bereichsübergreifende »Kundengruppe« wurde aufgelöst, die Verkaufsfunktionen vervielfacht und direkt in die einzelnen Geschäftsbereiche verlegt, um diesen eine »bessere finanzielle und betriebliche Kontrolle zu ermöglichen«. Immer ein Killerargument für die Bosse. Eigenartigerweise nannten sie aber auch mehr Kundennähe und Kundenwünsche als Argument. Unsere Kunden hatten uns jedoch immer gesagt, dass sie diese Vermehrung von Verkaufsteams und die begleitende Rivalität keineswegs schätzten und nur einen Ansprechpartner vom Lieferanten wollten. Auch die Argumente »gesteigerte Effizienz oder Wettbewerbsfähigkeit unserer Kosten oder die Vereinfachung der Unternehmensstruktur« waren nicht sehr glaubwürdig. Denn eines war mir nach all den Jahren völlig klar: Einfacher und kostengünstiger würde die neue Organisation sicher nicht werden. Dann folgte noch der bekannte Appell an die geplagten Mitarbeiter: »Und während dieser Übergangsphase, bleiben Sie auf den Kunden und unsere finanzielle Leistung fokussiert. Es ist absolut kritisch, dass wir uns total darauf konzentrieren, unsere Quartalsziele zu erreichen.«

Unvermeidlich folgte ein weiteres, ähnlich gestricktes Beispiel des organisatorischen Hin und Her. Die Ankündigung strotzte wieder vor Optimismus im Hinblick auf die zu erwartenden Effekte. Sie endete wieder mit dem Aufruf an die Mitarbeiter, sich trotz des organisatorischen Erdbebens nicht vom Geschäft ablenken zu lassen.

Akt 1: »In den letzten Jahren haben wir eine Reihe von Veränderungen vorgenommen, die darauf fokussieren, das gewaltige Führungspotenzial unseres Unternehmens besser zu nutzen. Jetzt setzen wir den nächsten Schritt, der uns erlauben wird, unsere Exekutionsprioritäten noch stärker zu erfüllen, um profitables Wachstum und konkurrenzfähige Kostenstrukturen zu erreichen, die Leistungsdisziplin zu verbessern und unsere Markteintrittsinitiativen zu beschleunigen. Mit sofortiger Wirkung kombinieren wir nunmehr den Geschäftsbereich B mit dem Geschäftsbereich C. Unter der Führung des neuen BC-Leiters, des bisherigen Leiters des Geschäftsbereichs B, wird diese Organisation profitables Wachstum anpeilen, die Macht des kombinierten Portfolio nutzen und die Kompetenzen vereinen und stärken, um unseren Wettbewerb zu übertreffen. Während diese Entscheidung zur weiteren Stärkung unserer Leistungsfähigkeit führen wird, müssen wir weiterhin darauf fokussieren, unsere aktuellen Prioritäten zu exekutieren, und das Quartal mit einem starken Finish beschließen. Ich weiß, dass sich der neue Chef der BC-Gruppe darauf freut, ein Siegerteam aufzubauen, das die Kunden besser bedienen wird als irgendjemand sonst.«

In künstlichen Frage- und Antwortspielen bemüht sich die PR-Abteilung, den Mitarbeitern die Argumente für diese interne Fusion zu verkaufen und die Kommunikation an die Umwelt zu steuern: »Gibt es ein Risiko, dass die Gruppen ihren Fokus verlieren? – Absolut nein, wir glauben, dass diese Änderung beide Bereiche stärken wird, weil sie eine engere Zusammenarbeit erlaubt. Wird diese neue Organisation unserem Unternehmen Geld sparen oder wird sie kostenneutral sein? – Wir sind entschlossen, unsere Kosten unternehmensweit zu reduzieren. Diese Änderung wird unsere Möglichkeiten fördern, um unseren Fortschritt in Richtung dieses Ziels fortzusetzen …« Dieses Mal zeigten unsere Manager wenig Eifer bei der Umsetzung. Zu viele Besitzstände waren tangiert. Sie setzten auf Verzögerungstaktik, in der Hoffnung auf eine neuerliche Reorganisation, die die Folgen der Reorganisation wieder aufheben würde. Die Hoffnung wurde nicht enttäuscht.

Akt 2 – nur ein halbes Jahr später: »Um noch mehr Fokus auf

unser Wachstum zu haben und um die Wettbewerbsfähigkeit unserer Kostenstrukturen zu verbessern, habe ich mich entschlossen, die kombinierten Geschäftsbereiche B und C als unabhängige Geschäfte zu führen«, kündigte der neue Chef die Auflösung der BC-Organisation an und besetzte die Leitung des auferstandenen Geschäftsbereichs mit einem dynamischen, profit- und wachstumsorientierten Mann seines Vertrauens. Dem Leiter der früher kombinierten Bereiche dankte er: »Unter seiner Führung ist es gelungen, den Geschäftsbereich C weiter wachsen zu lassen und die Profitmargen zu verbessern. Ich möchte ihm dazu gratulieren. Durch das nunmehrige Management von Geschäftsbereich B und Geschäftsbereich C als separate, hochfokussierte Organisationen können wir unsere Wettbewerbsfähigkeit weiter schärfen und unsere Kostenstrukturen verbessern.« Dieselben Argumente, die die Fusionierung der beiden Bereiche rechtfertigen sollten, werden nun wieder für die Trennung herangezogen. Da kennt man sich dann als Mitarbeiter nicht mehr aus. Wann werden jetzt Kosten gespart, wenn man Bereiche kombiniert oder wenn man sie separat betreibt?

Alle diese Veränderungen sind für das Unternehmen mit einem ungeheuren Aufwand verbunden, während der damit erzielte Fortschritt mehr als fragwürdig bleibt bzw. zum Gegenteil der Intentionen führt. Eigene Institutionen (»Programmmanagementbüros«) und Agenten für den Wandel (»change agents«) werden installiert, riesige Apparate arbeiten weltweit an der Umsetzung von Managemententscheidungen, Abteilungen und Bereiche erst zu verschmelzen und dann wieder zu trennen oder umgekehrt.

Ein Geschäftsbereich etablierte eigene »Botschafter der Veränderung«, eigene Verbindungsglieder zwischen den Mitarbeitern und dem Management. Sie sollten die Bedürfnisse der Individuen und der Organisation abwägen, sich regelmäßig mit Mitarbeitern treffen, um Informationen zu verbreiten und Bedenken zu hören, die Vertraulichkeit respektieren und Perspektiven zusammenfassen, um den Transformationsteams zu helfen, den

Transformationsprozess zu führen. Dafür sollten sie den Wandel umarmen und in der Lage sein, anderen den Sinn des Wandels zu erklären. Sie sollten bereit sein, authentisch die Auseinandersetzung zu suchen, ohne alle Antworten zu haben. Sie sollten teilnahmsvoll und genau zuhören. Ist das nicht eigentlich die Rolle des Managements, fragt man sich. Schließlich hatte es selbst die Change-Geister gerufen.

Den meisten Kollegen blieb trotzdem der Sinn vieler Organisationsänderungen verborgen. Bei einer Mitarbeiterbefragung antworteten auf die Frage: »Glauben Sie, dass die Veränderung der Organisationsstruktur dazu beitragen wird, die beste Verkaufsmannschaft der Branche aufzubauen?«, nur zehn Prozent mit »Ja«, die überwiegende Mehrheit hatte ihre Zweifel. Ein »Luxus«, den sich das Management viel zu selten erlaubte.

Uneingeschränkt positiv präsentieren sich die umfassenden organisatorischen Änderungen nur für die involvierten Unternehmensberater, die für sich damit sichere, breite und langfristige Einkommensströme generieren. Das ist zumindest für sie ein guter Grund, Unternehmen komplexe neue Organisationsmodelle und häufige Änderungen schmackhaft zu machen. Wir haben es selbst oft genug erlebt, wie junge, selbstbewusste Berater im Konzern ausschwirrten, um uns nervöse Mitarbeiter mit Fragebögen über unsere Tätigkeiten zu löchern, was wir tun, wie lange wir wofür brauchen, um dann angeblich effizientere, »kopfzahlsparende« Organisationsmodelle vorstellen zu können. Mit der Implementierung der neuen, meist komplexen Organisationen waren die Jungberater dann auf lange Zeit ausgelastet.

Die wahren Gründe für Veränderungen sind selten die offiziell vorgegebenen. So kündete denn auch die mit Synergieargumenten begründete Verlegung der Verantwortlichkeit für eine wesentliche Zukunftsinitiative von einem Geschäftsbereich zu einem anderen den Abstieg des Managers an, der diese Initiative vorher geleitet hatte. Als sensibilisierte interne Beobachterin, der der »Change-Glaube« schon weitgehend abhandengekommen war, hatte ich bereits so etwas gemutmaßt. Und tatsächlich, ein paar Wochen später kommt die Meldung von seinem Abschied.

Eine erfolgreiche – vielleicht zu erfolgreiche – regionale Organisation sollte nach dem Willen des Managers der übergeordneten Hierarchieebene aufgeteilt werden, um – nach offizieller Lesart – den Fokus auf die einzelnen Länder der Region zu erhöhen. In Wirklichkeit ging es dem Vorgesetzten wohl eher darum, die Macht des Chefs der regionalen Organisation durch die Filetierung einzuschränken und ihn als internen Konkurrenten auszuschalten. Der Chef der Region verließ wegen dieses Plans das Unternehmen. Aber wie das Konzernleben so spielt, wurde dann auch der Vorgesetzte in die Wüste geschickt, bevor er sein Lieblingsprojekt abwickeln konnte. Der Nachfolger, ein pragmatischer, lang gedienter Manager, stoppte das Ganze und versuchte, die Mitarbeiter zur Abwechslung wirklich auf das Geschäft zu fokussieren. Kurz darauf spülte allerdings eine neuerliche Organisationsänderung wieder einen neuen Chef auf die Position. Nach ein paar Monaten ging das Gerede von der Trennung erneut los und schließlich folgten die entsprechenden Taten. Bewährte Teams wurden auseinandergerissen, in der Region unerfahrene Manager auf die Kunden losgelassen, Mitarbeiter in neue Länder verschoben, Tausende von Kilometern von ihren bisherigen Standorten entfernt. Für die Kunden hatte sich nichts verbessert, im Gegenteil.

Organisatorische Änderungen liefern ehrgeizigen Managern aber nicht nur elegante Möglichkeiten, lästige interne Mitbewerber loszuwerden, sondern auch trotz strenger »Kopfzahl«-Vorschriften ihre Teams auszubauen. Voraussetzung sind die unternehmenspolitisch korrekten Argumente. Sie kamen beispielsweise dem obersten Marketingmanager flüssig über die Lippen: »Unsere Organisation ist bereits gut positioniert, um auf Basis des neuen Modells zum Erfolg unseres Unternehmens beizutragen. Aber es wird ein paar strategische Zusätze zu meinem Team geben, von denen ich glaube, dass sie unserer Organisation mehr Tiefe verleihen und unsere Fähigkeiten, die Kunden zu verstehen sowie unsere Effektivität an allen Fronten zu messen, stärken werden.« So wurde denn noch ein umfassendes Strategie & Exzellenz-Team installiert, das vor allem die Renditen der eingesetzten Marketingmittel überprüfen, neue globale Messinstrumente einführen, die Budgetplanung- und -kontrolle forcieren und das tägliche Management der Ausgaben und den monatlichen bzw. vierteljährlichen Finanzabschluss unterstützen sollte.

Mit den vielen Änderungen rotieren die Mitarbeiter zu neuen Jobs oder neuen Überzeugungen, je nachdem, was ihnen von oben vorgegeben wird. »Es ist kein Wunder, dass solche Sachen passieren, wir sind schließlich alle neu«, sagte der für einen wichtigen Teil der Logistik Verantwortliche entschuldigend, nachdem eine Produktaktion bei Vertriebspartnern beworben, die interne Bestellabteilung aber davon nicht informiert worden war. Zudem waren die Produkte nicht im erforderlichen Ausmaß vorhanden. »Das ist immer so bei uns«, sagte ein anderes Teammitglied. Eine Aktion musste gestoppt werden, weil der Preis zu niedrig angesetzt worden war und die Kosten nicht deckte. Ein junger Vertriebspartnermanager erzählte am Abend an der Bar, er finde es schade, dass bei all den Veränderungen niemand mit Erfahrung zur Verfügung stünde, um Ratschläge zu geben oder zu zeigen, wie man das Geschäft am besten anlegt. »Du wirst immer in das kalte Wasser geworfen, in der Annahme, dass du schon wissen wirst, was du tust.«

Unser Unternehmen würde durch die Kundenkonfusion, die sich als Folge der Fusion zweier Mitbewerber, die in nächster Zeit mit der Integration der Organisation und des Produktportfolios beschäftigt wären, profitieren, meinte ein Analyst. Gewiss, wenn es nicht selbst durch stete interne Organisationsänderungen gelähmt wäre.

Geschäftspartner ausquetschen statt als Partner behandeln

Unsere Manager stehen vor einem Dilemma. Einerseits wissen sie, dass sie Geschäftspartner brauchen. Denn gerade im komplexen Wettbewerbsfeld ist das Eingehen von Partnerschaften mit anderen Unternehmen, sei es mit Vertriebspartnern, die die Unternehmensbotschaft und -produkte den Kunden und Konsumenten näherbringen, oder mit anderen Herstellern, deren Produkte und Dienstleistungen das eigene Angebot ergänzen, der Schlüssel zum Erfolg. Andererseits sehen sie es mit äußerstem Widerwillen, dass die Partner einen Teil der Profite einstreichen. In der Öffentlichkeit beschwört das Management die Freuden der Partnerschaft. Hinter den Kulissen arbeitet es emsig daran, Profite der Geschäftspartner in die eigene Tasche umzulenken. Wie so oft klaffen Welten zwischen den Sonntagsreden und den Niederungen des Alltags, der häufig von hässlichen Kleinkriegen geprägt ist.

»Kein anderer Hersteller in unserer Branche kann auf eine so dauerhafte und fruchtbare Ehe mit dem Handel verweisen«, sagte unser CEO nach dem Auftritt bei der Partnerkonferenz in das Mikrofon eines Journalisten, und beteuerte, dass unser Unternehmen die Zusammenarbeit mit Partnern quasi in der DNA habe. »Wir sind darin besser als die meisten.«

Der Chef eines wichtigen Partnerunternehmens, der nach einer Seminarpräsentation frustriert auf den Redner zustürmte und fragte: »Können wir diese Kriegserklärung schriftlich haben?«, würde dieser Aussage wohl nicht zustimmen. Der Vertriebspartnermanager hatte den Partnern eben mitgeteilt, dass unser Unternehmen künftig die lukrativen Kundenservices, die bisher von den Partnern erbracht wurden, selbst durchführen würde. Ein anderer Partner stellte gereizt die Gretchenfrage: »Wie halten Sie's denn eigentlich mit der Partnerschaft?« Der Sprecher wiederholte die vom Management vorgegebene gleiche Leier, von der starken Tradition unseres Unternehmens in Sachen exzellenter Partnerschaft und vom ungebrochenen Willen, diese fortzusetzen. Aber die Fakten sprachen eine andere Sprache. Glaubwürdigkeit und Geschäftsbeziehungen litten.

Es blieb auch unserem CEO nicht verborgen, dass die größte Herausforderung das gegenseitige Vertrauen sei. Eine neue Ebene von Transparenz sei notwendig, meinte er weiter in dem Gespräch mit dem Journalisten, die Bereitschaft, Information zu teilen, eine neue Offenheit, um zu verstehen, wo die Möglichkeiten für gemeinsames Wachstum liegen würden.

Wie baut man Vertrauen auf? Dadurch, dass die Verkaufsmannschaft ausgewiesene Kunden der Vertriebspartner dazu drängt, zu besseren Preisen direkt von uns zu kaufen, wie die betroffenen Partner klagten? Bei der Partnerkonferenz streuten Vertreter unseres Unternehmens Asche auf ihr Haupt: »Es macht keinen Sinn für unser Unternehmen und unsere Partner gegeneinander anzubieten, dann ist der Lieferant der große Verlierer.« Der Verkaufschef weiter unten in der Hierarchie blieb davon allerdings unbeeindruckt, er dachte nur an seine Quartalszahlen und forderte forsch – und bar jeglicher Einsicht in menschliche Befindlichkeiten – von den Verkäufern: »Beschleunigen Sie den direkten Verkauf, während Sie gleichzeitig die Vertriebspartner hegen.« Die Quadratur des Kreises. Selbst wenn Unternehmenspartnerschaften ausgewiesene Zweckgemeinschaften sind, so sind doch die Akteure extrem sensibel, was Vertrauensbrüche und Doppelzüngigkeiten angeht.

Auch zwischen uns und einem unserer engsten Kooperationspartner hing der Haussegen schief. Die »Koopkurrenz«, eine Eindeutschung der englischen Wortkombination »Cooptition« (cooperation + competition), die besagt, dass Unternehmen einerseits kooperieren, aber zur gleichen Zeit in Wettbewerb zueinander stehen, hatte wieder zu einer harten Belastungsprobe der Partnerschaft geführt. »Ich stimme VOLLKOMMEN mit Ihnen überein, es ist WICHTIG und gute Geschäftspraxis, offen und ehrlich zu sein. Wir sind entschlossen, mit Ihnen als präferiertem Partner am Markt in diesem Segment zu gewinnen. Lasst uns sicherstellen, dass so etwas zukünftig nicht mehr passiert«, bemühte sich einer unserer Direktoren, den frustrierten Partnermanager wieder milde zu stimmen. Dieser hatte sich – mit ebenso großen Worten – bitter beschwert, dass die Konkurrenz bei einem großen Projekt zum Zug gekommen war: »Vertrauen baut auf offenen, ehrlichen Dialog und Kommunikation auf. Und das war nicht der Fall. Ihr Team vor Ort hatte bis zum Schluss geleugnet, mit der Konkurrenz im Gespräch zu sein. Wir wissen alle, dass Sie mehrere Optionen haben und nicht immer mit uns kooperieren können, aber wir verlangen zumindest, früh in die Diskussion einbezogen zu werden. Echte Partner helfen einander aus und sprechen auf regelmäßiger Basis …« Echte Partner schon.

Weiter in der Theorie: »Sie behandeln Ihre Partner also als eine Verlängerung Ihres Unternehmens«, stellte der Journalist dem CEO die nächste Frage. »Und vice versa«, antwortete dieser. »Das ist keine Einbahnstraße, das geht in beide Richtungen. Und es muss das Engagement auf beiden Seiten geben.«

In der Realität klingt es mehr nach Einbahn. »Das erwarten wir von Ihnen, so können Sie mit uns arbeiten«, war der Tenor der Frontalpräsentationen unserer Vertriebspartnermanager bei der jährlichen Partnerkonferenz. So erwartete die Produktgruppe XY den absoluten Fokus der Vertriebspartner auf die XY-Produkte, eine hohe Verkaufsquote, fundiertes Wissen, Teilnahme an Trainings, die Abdeckung der Kundenbasis, operative Unterstützung, Hilfe beim Aufspüren und Verfolgen von Marktchancen, Leistungsmanagement und Unterstützung bei Verkaufs- und Marketingprogrammen … Zusätzlich sollte der Vertriebspartner noch »das ganze Portfolio führen, auf Geschäftssegmente mit hohen Margen fokussieren, seine Kompetenz verbessern, das Angebot des Lieferanten ergänzen …« Aber gefälligst nicht in Wettbewerb treten. Die Manager der anderen Produktgruppen hatten nicht minder hohe Erwartungen an die Partner und formulierten sie nicht weniger hochnäsig. Niemand fragte, was erwarten die Vertriebspartner von uns, welche Maßnahmen sind notwendig, dass sie all die Produkte auch absetzen können. Welche Garantie haben sie, dass sie ihre Investitionen auch zukünftig nutzen können. Konditionen werden in der Regel ohne große Diskussion verändert. »Wieso wurden wir nicht zu den Veränderungen der Konditionen konsultiert?«, beschwerte sich ein Partner. Einer unserer engagiertesten Partner schien bei einem Treffen besonders blass. Kein Wunder, er hatte eine Produktmarke in seinem Gebiet mit viel Geld und Enthusiasmus aufgebaut, bevor er jetzt das Opfer einer dieser beliebigen Konzernentscheidungen wurde, die festlegte, dass diese Marke zukünftig nicht mehr in sein Gebiet geliefert würde. Auch ein anderer Partner war frustriert: »Erst ändern sie wieder einmal die Regeln für die Marketingfonds und zur selben Zeit zwingen sie uns zur Rezertifizierung als Partner.« Einbahnstraße pur.

Vom Modell der »nahtlosen Zusammenarbeit«, das der CEO in dem Gespräch mit der Partner-Zeitschrift eloquent propagierte, sind wir weit entfernt. Partner sind sich einig, dass sie weniger Rhetorik und mehr Handlungen sehen möchten, wenn es um Partnerstrategien geht. Aber nicht nur bei uns. Alle befragten Partner stimmten überein, dass die Partnerschaftsmodelle von allen wichtigen Lieferanten von Perfektion weit entfernt seien, dass es zu wenig Unterstützung vom Verkauf gäbe und dass die Lieferanten nicht verstehen würden, wie viel Kunden und Geschäft die Vertriebspartner beibringen.

Nutzen, oder besser ausnutzen, wollen wir sie schon, vor allem dort, wo wir selbst nichts anbieten können. »Es wird künftig noch vernünftiger und geschäftlich notwendig sein, unsere Vertriebspartner stärker zu nutzen«, schrieb der Chef der Region in seiner Jahresbotschaft und folgerte richtig. »Das sind zusätzliche Verkäufer für uns, wir müssen die richtige ›Win-Win-Beziehung‹ mit ihnen finden. Auch sie suchen am Markt die besten Wachstumsmöglichkeiten, und es ist besser, wenn unser Unternehmen mit ihnen eine Partnerschaft eingeht.« Doch die Formel für die beidseitig gewinnbringende Beziehung haben wir noch nicht gefunden, allerdings auch nicht vehement danach gesucht. Der Vizepräsident weiß, dass die richtige Partnerstrategie entscheidend ist für unser Wachstum, aber mit Einschränkung, »besonders in den Bereichen, wo wir nur limitierte Ressourcen haben ...«. Partnerschaft ja, besonders dort, wo wir selbst nichts Adäquates bieten können. Sonst eher nein danke.

Als ich beseelt von den partnerschaftlichen Reden des Managements einen Partner zu einer Konferenz einladen will, damit er sein auf unseren Produkten basierendes Dienstleistungspaket vorstellen kann, legt sich umgehend der Kollege vom Services-Team quer. »Wir wollen unsere eigenen Services verkaufen. Für die Produktleute mag dieser Partner wichtig sein, für uns ist er Konkurrent.« Gekürzt wurde immer zuerst bei den Partnern. Wir müssten noch eine Präsentation in der Agenda unterbringen? Sofort schlugen alle Kollegen unisono vor, den Partnern weniger Zeit für ihre Präsentationen zu geben.

Ein paar Kollegen trampeln auf der Partnerbeziehung herum, wie die sprichwörtlichen grauen Vierbeiner im Porzellanladen. Ein Verkäufer wollte die Wogen gegenüber einem Vertriebspartner glätten und betonte, wie wichtig Partner für unser Unternehmen seien und welche bedeutende Rolle sie in unserem gemeinsamen Geschäft innehätten. Ein Services-Manager, der den Verkäufer begleitete, erklärte unverblümt, dass dies nicht der Wahrheit entspräche. Er habe fast einen Herzstillstand erlitten, erzählt mir der Verkäufer nach diesem Eklat. Der regionale Manager, der für Hunderte wichtige Vertriebspartner zuständig ist, sprach bei einer Partnerveranstaltung von der Notwendigkeit, den Vertriebskanal neu zu erfinden, die Partner zu reduzieren. Ein anderer bezeichnete die Partner auf seiner Präsentationsfolie als »zweite Wahl« für den Zugang zum Markt. So etwas kann einer Beziehung nicht guttun, dachte ich mir. »In einer Stunde kann man ganz schön viel ruinieren«, wisperte ich nach den präpotenten Auftritten der Mehrheit unserer Partnermanager meinem Sitznachbar zu. »In zwei Minuten kannst du eine Beziehung umbringen«, antwortete er. Auf meinen Einwand gegenüber dem obersten Vertriebspartnerchef, dass diese in autoritärer Tonart vorgebrachten Sermone nicht sehr motivierend seien, meinte dieser forsch: »Wir brauchen sie nicht zu motivieren, unsere Partner.« Wozu schleppen wir sie dann mit Flugzeugen aus allen Teilen des Kontinents ans Meer und veranstalten Diners am Strand? Einer partnerorientierten, überaus korrekten Kollegin wurde beim Beurteilungsgespräch vorgeworfen, dass sie zu enge Beziehungen zu den Partnern pflege und zu wenig die Seite des Unternehmens gegenüber den Partnern vertrete ... So weit zur Beziehungspflege.

Dennoch bleibt die Chance zum Neuanfang. Zum einen ist die Auswahl an Kandidaten für die Partner nach einer Vielzahl von Fusionen unter den Lieferanten stark geschrumpft. Zum anderen glimmt auch bei verfahrenen Partnerschaften noch ein Fünkchen Gefühl, das wieder entfacht werden kann, wenn sich nur jemand ernsthaft und glaubwürdig bemüht. So schrieb denn eine Handelszeitschrift: »Obwohl viele Partner mit der Konsolidierungsinitiative und der direkten Verkaufsmannschaft des Herstellers kämpfen, scheinen sie nach seinem Auftritt doch in das Camp des CEO hinüberzuwechseln. Das Erscheinen des CEO bei der Partnerkonferenz könnte ein entscheidender Moment für das Unternehmen sein. Das Unternehmen wird vorhersagbarer. Sie hören zu und lernen, sagten unsere Partner.« Unverbesserlich romantisch.

Wie schon die Mitarbeiter werden die Partner vom Management eher als böse Kostenverursacher denn als Quellen für sprudelnde Umsätze gesehen. Die Gier der Manager trachtete unverhohlen nach dem Teil des Kuchens, den die Partner einsteckten. Man setzte auf Herkömmliches in der Planung – Konsolidierung, also die drastische Reduzierung der Zahl der Partner. Die Administration vieler Partner koste Geld, lautete die einfache Rechnung der Konzernfinanzer. Ein Partnermanager sagte es den verblüfften Partnern direkt ins Gesicht: »Ihr Vertrag kostet uns Geld.« Bis dahin hatten sie sich als Einkommenspipeline für den Lieferanten gesehen. Obwohl den Präsentatoren in Vorbesprechungen der Gebrauch des Wortes »Konsolidierung« gegenüber den Partnern strikt verboten wurde, um diese nicht frühzeitig zu beunruhigen, nutzte ein besonders forscher Manager das Unwort bereits in den ersten Minuten mehrmals. Es bestimmte offenbar all sein Denken gegenüber den Partnern.

»Verstärkte Profitabilität« ist denn auch eines der ausgewiesenen Kernprinzipien der Strategie unserer Manager für die Vertriebskanäle. Die Spanne wollten sie optimieren, die beste Kostenstruktur erreichen und gleichzeitig auch noch die Kontrolle über die Geschäfte der Partner verbessern. Die Aussicht auf mehr Kontrolle ist auch hier eine gewaltige Triebfeder. »Neue Konditionen und Kompensationsmodelle, streng überwachte Akkreditierungen und Investitionen in die Rendite« sollten die ehrgeizigen Bestrebungen nach mehr Profit in der eigenen Tasche unterstützen.

Die Kunden-Services-Gruppe zeigte besonderen Eifer, Dienstleistungen, die bisher von den Partnern erbracht wurden, direkt an die Kunden zu verkaufen. Ein partnerorientierter Verkaufsmanager beklagte diese Vorgehensweise. »Warum wollen wir den ganzen Kuchen nehmen, wenn wir ihn doch gar nicht verschlingen können. Warum nehmen wir nicht ein klar definiertes Stück, formulieren eine klare Botschaft an die Partner, spiegeln sie in den Verträgen wider und bleiben dabei. Derzeit sehen wir die Partner als Feinde anstatt ihre Kompetenzen zu nutzen. Aber die Leute, die die Vertriebskanalstrategie formulieren, haben keine Ahnung.«

Eine pragmatische, erfolgreiche Managerin wies den Chef des Teams, der den Direktvertrieb ohne Rücksicht auf Verluste forcierte, auf die möglichen Folgen hin. »Wenn wir den Partnern den Kundendienst wegnehmen, glauben Sie, dass die Umsätze dann alle zu uns kommen würden? Sie würden den Partnern verloren gehen, aber nicht notwendigerweise uns zuwachsen. Zudem hätten wir mit unserer bestehenden Services-Organisation Probleme, sie zu erfüllen. Es würde mindestens ein Jahr dauern, um unsere eigenen Ressourcen parallel aufzubauen. Sie können nicht ohne Vorbereitung sofort übernehmen.«

Wie immer neigen die verbissenen Konsolidierungs- und Streichungsprotagonisten nicht zum Differenzieren oder zum Bedenken von lästigen Interdependenzen. Ein Büronachbar beklagte die kurzsichtige Vorgehensweise bei einem Projekt: »Unser Partner ist viel besser positioniert beim Endkunden, aber wir wollen das Geschäft direkt machen. Im Zuge unserer neuen Bemühungen, das direkte Geschäft zu forcieren, werden es uns die Partner noch mehr ›zeigen‹.« Das Patentrezept »Konsolidierung« wollten unsere Manager auch auf das Netzwerk der Distributoren, Vertriebspartner, die nicht direkt an Endverbraucher, sondern an Händler liefern, anwenden. Nur mehr wenige Distributoren waren für riesige Wirtschaftsräume vorgesehen. In einer Presseaussendung zeichneten die verantwortlichen Manager eine allzu schöne neue Welt: »Wir glauben, dass diese Innovation unseres Partnerprogramms das Wachstum für unser Unternehmen, unsere Distributoren und Vertriebspartner weiter steigern wird«, gaben sie sich überoptimistisch. Wiederum sind es nur wenige Mahner, die auf die Risiken hinweisen: »Die Betreiber der Konsolidierungsstrategie bedenken nicht, dass die verbliebenen, wirklich großen Distributoren dann die Hersteller preislich bis zu den Produktionskosten auspressen. Du bist dann zudem als Lieferant erpressbar.«

Aber nicht nur wir, auch unsere Kooperationspartner trachten danach, ihre Profite zu vergrößern. So beschloss ein wichtiger Partner, künftig lukrative Services statt durch unser Unternehmen lieber gleich selbst zu erbringen und die größten Kunden mit eigenen Verträgen zu beglücken. Dem wollten unsere Manager zuvorkommen und versuchten, diese begehrten Kunden mit einer unwiderstehlichen, umfassenden neuen Kundendienst-Offerte fürs Bleiben zu ködern. Aber, mahnte die für die Partnerschaft verantwortliche Organisation, natürlich darf der Wettbewerb in diesem Segment keinesfalls die allgemeine Beziehung beeinträchtigen. Die Partnerschaft ist strategisch wichtiger als je zuvor, wie kurz darauf die CEOs beider Unternehmen wieder bestätigt haben.

Die Unternehmensberater haben auf dem Konsolidierungsschlachtfeld ein neues Thema entdeckt. Sie offerieren unseren Vertriebspartnern Beratung, wie sie der Reduktionskeule entkommen können. Die Consultants schlagen Partnerstrategien vor, die die Lieblingsschlagworte der Lieferanten widerspiegeln. Die Vertriebspartner sollten sich bemühen, die Herausforderungen und Charakteristika der Lieferanten genau zu studieren und seine Programme darauf abzustimmen. Generell hätten Partnerprogramme, die darauf angelegt sind oder zumindest vorgeben, Marktanteile von den Konkurrenten wegzunehmen, auf die Wachstumssegmente im Markt zu fokussieren und Vorteile für den Endkunden zu bringen, die größte Chance auf Aufmerksamkeit und Akzeptanz des Lieferanten. Aber auf jeden Fall sei es ratsam, rät das Consulting-Unternehmen, einen Notfallplan zu haben, um schnell auf geänderte Marktbedingungen oder Änderungen bei Partnerschaftsbeziehungen reagieren zu können.

Wie bei den Mitarbeitern forcierte das Management Verwaltung und Kontrolle der Partner statt Mitbestimmung und Dialog. Partnermanager sahen ihre Aufgabe vor allem in der lückenlosen Administration, Reglementierung und Kontrolle der Partner, nicht im Aufbau von Beziehungen und gemeinsamen Aufspüren von Marktchancen. Immer neue Vorschriften regelten die Zusammenarbeit mit den Vertriebspartnern, die schon früher, als wir sie noch nach ihrer Meinung fragten, befanden, dass es »leichter ist, unsere Produkte zu verkaufen als von uns zu kaufen«, und die – nicht unähnlich den Mitarbeitern – beklagten, dass die Implementierung der arbeitsaufwendigen Prozesse zu viel Zeit verschlingt.

Es braucht Systeme und Prozesse für die Zusammenarbeit, hatte der CEO befunden. Aber diese sind manchmal so kompliziert, dass auch prozesserfahrene Konzernmanager ihre Probleme haben, sie zu verstehen. »Jetzt höre ich das Ganze zum dritten Mal und beginne langsam zu verstehen«, sagte ein Kollege nach der Telefonkonferenz, in der die neue Konditionenpolitik für die Partner vorgestellt wurde. »Bis jetzt verstehe ich nur, was das eine Kürzel bedeutet, sonst nichts«, klagte ein anderer. Wenn wir selbst als Unternehmensmitarbeiter die Regeln nicht verstehen, wie sollen es dann die externen Vertriebspartner, die sich zudem noch mit einer Vielzahl von diversen Bestimmungen der einzelnen Geschäftsbereiche und Produktuntergruppen herumschlagen müssen. Dass sich die Spielregeln zudem ständig ändern, daran haben sich die Betroffenen schon gewöhnt und resigniert. Aber dass niemand weiß, wie sie umzusetzen und die Interessenskonflikte zwischen den Geschäftsbereichen beizulegen sind, ist auch für die Leidensfähigsten schwer erträglich. Der für die Vertriebspartner zuständige Manager überlegte schon, ob er dem Treffen, in dem er den Partnern das neue Konditionensystem erklären soll, nicht noch durch »Krankheit« entgehen könne.

Nach ein paar Monaten, in denen alle Beteiligten begonnen hatten, die neuen Prozesse zu verdauen, unternahm das Partnermanagement unverdrossen einen mächtigen neuen Anlauf, den Vertriebspartnern neue restriktive Spielregeln überzustülpen und sie verstärkt an die Kandare zu nehmen. Es kündigte ein neues Vertragsrahmenwerk an, das auch für Wiederverkäufer galt, die nicht direkt einkauften und bisher vertraglich nicht gebunden waren. Die federführenden Bürokraten des Vertriebspartnerteams betonten, dass die betroffenen Tausende Händler dieses Vertragswerk selbstverständlich nicht unterschreiben müssten. Nur hätten sie dann eben keine Möglichkeit mehr, an

Lieferantenprogrammen teilzunehmen und Sonderpreise für bestimmte Projekte oder Großaufträge zu bekommen. Die Motive sind bekannt. »Die Verbesserung der eigenen Geschäftskontrolle und jener der Partner, die im Endeffekt wiederum zu einer Verbesserung der Margen für unser Unternehmen und den Vertriebskanal führen wird«, nennt das Management als Gründe für die Maßnahmen. Mit der Umsetzung des aufwendigen Unterfangens, das über Monate Tausende Mitarbeiter beschäftigt, betraute man bezeichnenderweise nicht die Länderteams, die direkten Umgang mit den Partnern haben, sondern eine hierarchisch übergeordnete, zentrale Stelle, von der man offenbar mehr Strenge und Distanz erwartete. Das Umgehen der neuen Vorschriften wurde durch die entsprechende Adaptierung der »Systeme« so gut wie unmöglich gemacht. Nichtsdestotrotz wurden kreative Missetäter, auf Mitarbeiter- wie auf Partnerseite, bei Nichteinhaltung mit strengen Strafen bedroht. Dazu etablierten die strengen Bürokraten einen eigenen Prozess, zu dem »jeder innerhalb unseres Unternehmens und bei unserer Partnergemeinschaft Vertrauen haben kann«. Eine offizielle Sprachregelung, die mein Vertrauen nicht eben steigerte, wie auch die Tatsache, dass nicht bekannt ist, wer letztendlich die Sanktionsentscheidungen traf. Offiziell wurde weiter beruhigt: »Der Punkt ist also nicht wirklich, wer diese Entscheidungen treffen wird, sondern dass sie getroffen werden, dass die Regeln durchgesetzt werden und – wenn notwendig – Aktionen gesetzt werden.«

Ein anderer Konzern war entschlossen, einem seiner besten Partner die Zusammenarbeit aufzukündigen, weil dieser nicht bereit war, neue, für ihn ungünstigere Konditionen zu akzeptieren. Obwohl das Unternehmen wusste, dass ein anderer Partner in diesem Gebiet keine Umsätze in gleicher Höhe erreichen würde, war es dem Management des Lieferanten wichtiger, die eigenen Regeln durchzusetzen, auch wenn dies weniger Einkommen für den Konzern bedeuten würde. Ein »Lose-Lose-Szenario«. Unterwerfung statt Kasse.

Umgekehrt wurde – Zuckerbrot und Peitsche – für Partner-Wohlverhalten Unterstützung in Aussicht gestellt. »Gute Partner werden unsere volle Unterstützung beim Ausarbeiten von wichtigen Angeboten bekommen …«, versprach großartig der Partnermanager bei einer Veranstaltung, als ob es nicht im ureigensten Interesse unseres Unternehmens wäre, dass unsere Partner erfolgreich Offerten für unsere Produkte vorlegen. Weniger gute und erfolgreiche würden sich mit zeitweiligen E-Mails zufriedengeben müssen, meinte er, und dann sei da noch die Gruppe, um die wir uns ohnehin nicht direkt kümmern könnten …

Andere Konzerne sind keineswegs weniger prozessversessen. Einer unserer Vertriebspartner schilderte mir bei einem Besuch, welche Hürden ein anderer Lieferant für ihn aufbaute, bevor er überhaupt Partner werden konnte. »Das Unternehmen wurde für Europa von Rechtsanwälten geleitet, die offenbar ihre Existenz rechtfertigen mussten. Die Verträge, die du als Vertriebspartner zu unterschreiben hattest, waren wie Bücher. Aber vorher musstest du dich einem Verhör unterziehen, wie ich es noch nie erlebt habe, um zu beweisen, dass du würdig bist, ihre Produkte zu verkaufen.«

Die Konkurrenz behauptete, sie hätte überhaupt die verlässlichere, stabilere und profitablere Partnerschaft mit Kooperationspartnern. Sie sei im Gegensatz zu uns, die wir den Fokus regelmäßig wechselten, konsistent in ihrer Strategie und ihrem Marktzugang und würde dies auch weiterhin so halten. Gar so weit schien es damit auch nicht her zu sein. So berichtete ein Partner, dass er den Verkäufer der Konkurrenz nur alle paar Monate einmal sehen würde, und dann ist es jedes Mal eine neue Person, sie seien einfach nicht konsistent.

Dabei ist das Potenzial einer echten Partnerschaft gewaltig, wie ich immer wieder feststellte, wenn ich mit Partnern intensiv zusammenarbeitete. Die Basis ist der Dialog. Vor Jahren hatten wir in einem anderen Unternehmen einen echten Dialog mit den Vertriebspartnern aufgebaut. Hatten sie um ihre Meinung gebeten, ihnen neutrale Kommunikationskanäle eröffnet, um uns offenes Feedback zu geben. Die Kritik war ausgeprägt, aber konstruktiv. Sie beschwerten sich, nicht unähnlich den Mitarbeitern im Unternehmen, über zu viele administrative Aufgaben. Sie sprachen von fehlenden klaren Regeln der Zusammenarbeit, von nicht strukturierten Entscheidungsprozessen, von unzureichender Transparenz, wie gemeinsame Marktchancen wahrgenommen werden könnten, von der Frustration über mangelnde Anerkennung, von zu wenig Treffen mit fundierten Gesprächen … Aber sie fühlten sich als Partner ernst genommen und waren neu motiviert, mit uns gemeinsam die Probleme zu lösen.

Noch einige Jahre vorher hatten wir in einem mittelständischen Unternehmen jede Entscheidung hinsichtlich der Auswirkungen auf Partner und Kunden hinterfragt und einen Partnerrat, den wir konsequent in wichtige Entscheidungen einbanden, installiert. Es gab lebhafte Diskussionen, aber am Ende standen beide Seiten hinter den gemeinsamen Beschlüssen. In kurzer Zeit näherte sich das Unternehmen durch den Aufbau von engen Beziehungen mit den wesentlichen Vertriebspartnern der Nummer eins auf dem Markt.

Es ist in der Regel mühsam, gemeinsame Programme und Veranstaltungen zu planen und durchzuführen, die beid- oder mehrseitigen Interessen unterzubringen, die involvierten Egos nicht zu verletzen, ohne den eigenen Standpunkt aus den Augen zu verlieren. Aber das Ergebnis lohnte immer. Am Ende steht eine Nähe, in die der Wettbewerb viel schwerer eindringen kann. So wurde nach einer gemeinsamen Veranstaltung die vorher eher reservierte Zusammenarbeit mit einem wichtigen Partner vertieft: »Danke, dass Ihr das organisiert habt. Ihr helft uns zu lernen, wie man das macht, und das ist sehr gut. Auf gemeinsames besseres Geschäft!«, schrieb ein führender Manager eines Partnerunternehmens.

»Wir möchten Ihnen als unseren Distributoren danken, dass Sie die Kräfte bündelten und gemeinsam einen Tag für unsere

Wiederverkäufer organisierten – mit beeindruckenden Resultaten. Diese Pionierveranstaltung versammelte – dank Ihres großen Engagements und der erfolgreichen Zusammenarbeit – über hundert Teilnehmer von über fünfzig Wiederverkäufern. Die Veranstaltung lieferte ein für alle vorteilhaftes Forum, um unsere Strategie- und Produktbotschaft zu kommunizieren und gleichzeitig wertvolle Marktinformation zu sammeln«, dankten wir unseren Vertriebspartnern nach einer erfolgreichen Konferenz. Sogar mein Chef fühlte sich zu einer kleinen Dankes-Mail inspiriert. »Vielen Dank für die Teilnahme, die Organisation und die Durchführung. Indem wir dies regelmäßig tun, bauen wir eine solide Partnerbasis auf, die uns helfen wird, sie später gegen die wachsende Konkurrenz zu verteidigen«, schrieb er.

Abhängig vom Grad der Konsolidierung bei den Herstellern und beim Handel kann sich das Spiel natürlich auch umkehren. Wenn die Handelskonzentration groß genug ist, wie in vielen Ländern und Branchen, diktieren die wenigen verbliebenen großen Handelsketten die Konditionen und die Art der Zusammenarbeit, reden eloquent von Partnerschaft, leben sie aber nicht.

Stets von Kundenfokus reden und konsequent das Gegenteil leben

Auch wenn heutzutage viel über die angebliche neue Kundenallmacht geredet wird, der Alltag sieht anders aus. Unsere Manager denken in Kosten und Profiten, nicht in Kunden. Sie nennen den Kunden nicht mehr »customer« sondern »account«, sprechen vom Konto statt der Person und meinen damit eine Zelle in einer Excel-Tabelle, die seine Profitabilität ausweist. Sie sagen, wir müssen ihn »besitzen, besser kontrollieren, tiefer in seine Geldbörse greifen, die Basis unserer Stammkunden besser ausbeuten …«

Die Prioritäten verschieben sich. Unsere Manager, gewohnt,

Worte und sich selbst zu verbiegen, erklären die Kundenzufriedenheit ohne Scheu zu einer logischen Folge des Profits. Einige von uns haben noch im Hinterkopf, dass am Anfang der Gleichung der zufriedene Kunde stehen sollte und erst am Ende der Profit. Jetzt soll es umgekehrt sein. »Zuallererst fokussiert unsere neue Marktbearbeitungsstrategie auf die Profitabilität«, ließ der Verkaufsleiter keine Zweifel offen. »Diese gibt ein Verkaufsmodell vor, das die Kundenzufriedenheit verbessert, mehr Wachstum und eine höhere Gewinnspanne generiert.« Dabei versprach er einen »rigorosen Prozess, um Kundenansprüche und Leistbarkeit anzugleichen«. Das verspricht nichts Gutes.

Wir zielen nicht auf die Kundenbedürfnisse ab, sondern auf das, was aus den Kunden herauszuholen ist, die »Bottomline«, was unter dem Strich bleibt. Die Verkaufsmannschaft wird auf diesen Zugang zum Kunden eingeschworen. »In den nächsten zwölf Monaten müssen wir die größte Gewinnspanne erzielen, die je in einer Planungsperiode erzielt wurde und die Profitabilität für diese Produktgruppe beim Kunden steigern.«

Der Kunde erkennt unweigerlich die Absicht, dass er wie ein Gänschen ausgenommen werden soll, und ist verstimmt. Geschäftskunden stehen selbst unter Profitdruck und sind nicht gewillt, den Traum der Lieferanten von fetten Gewinnen gepaart mit dynamischem Umsatzwachstum wahr werden zu lassen. »Mit einem lachenden und einem weinenden Auge möchte ich Euch von einem gewonnenen Projekt erzählen«, schrieb ein Kundenbetreuer in einer Mail. »Wir haben den Services-Teil der Ausschreibung gewonnen, weil die Konkurrenz derzeit nicht genügend Ressourcen hat, um die Services zu liefern.« Der viel größere Produktteil der Ausschreibung aber war verloren gegangen. Der angebotene Preis lag um fast ein Drittel über dem gleichwertigen Konkurrenzangebot. Die Produktmanager hatten im Sinne der Profitmaximierung für »ihre« Produkte eine allzu ehrgeizige Gewinnspanne vorgesehen. Verloren ging nicht nur das Projekt, sondern auch das Vertrauen des Kunden, der jetzt überlegt, verstärkt neue Lieferanten hereinzunehmen. »Komisch«, sagte der maßgebliche Entscheider beim Kunden, »dass gerade langjährige Lieferanten versuchen, einen abzukassieren.«

Gegenüber den Konsumenten gelten die gleichen Mechanismen. Die Bankberater haben Vorgaben und Bonussysteme, die darauf abzielen, den Kunden die für die Bank lukrativsten Finanzprodukte zu verkaufen. Diese sind, wie mittlerweile bekannt ist, meist nicht die günstigsten für die so »Beratenen«. Eine Bankangestellte ließ sich in den Backoffice-Bereich versetzen, weil sie unbedarften Bankkunden nicht länger diese – für die Bank – renditestarken Anlageformen aufdrängen wollte. Überall sind Verkäufer mit Incentive-Systemen, also finanziellen Anreizen für die eigene Person, angehalten, Produkte und Zusatzleistungen zu verkaufen, bei denen die Lieferanten und der Handel die höchsten Gewinnmargen haben. Der Zusatznutzen für die Konsumenten ist meist bescheiden.

Sie treffen kaum Kunden, unsere Bosse. Menschliche Beziehungen, sei es zu Kunden, aber auch Partnern oder Mitarbeitern, zählen nicht unbedingt zu ihren Stärken und Vorlieben. Wie ich aus reicher eigener Erfahrung weiß, bevorzugen die meisten die sichere Distanz. Als die Unzufriedenheit bei wichtigen Kunden laut Umfragedaten erneut anstieg, kündigte der Generaldirektor drastische Maßnahmen an: »... die Einführung von neuen Messzahlen für die Kundenzufriedenheit, klare Prozesse für effiziente Verbesserungsmaßnahmen und« – es klang fast wie eine Drohung – »unser Management muss dem Kunden verstärkt ›ausgesetzt‹ werden.«

Bei einer VIP-Veranstaltung für unsere Topkunden machte sich der gastgebende Vizepräsident Sorgen. »Muss ich wirklich während der ganzen Veranstaltung präsent sein?«, fragte er beunruhigt. Aber er fand einen Ausweg, indem er im Rahmen der Veranstaltung pausenlos firmeninterne Treffen abhielt. Einige Kunden waren über Tausende Kilometer angereist und bekamen nicht einmal die Gelegenheit, mit dem Management zu reden.

Bei einer Konferenz einige Wochen später war der nämliche VP beim abendlichen Galadiner, dem Paradeforum zum »Netzwerken«, nirgends auffindbar, als ihn ein potenzieller Kunde, der ein Multi-Millionenprojekt vorbereitete, zu treffen wünschte. Am nächsten Morgen erfuhr ich, dass er es vorgezogen hatte, einen gemütlichen privaten Abend ohne Kundenbelästigung zu verbringen. In der konzerninternen Arena hingegen hatte er keinerlei Berührungsängste und war immer an vorderster Front beim Auftun von neuen Karrieremöglichkeiten.

Er war keinesfalls die Ausnahme, sondern die Regel. Einer unserer früheren CEOs hatte beispielsweise ein privates Golfspiel dem langfristig, detailliert geplanten Treffen mit einem wichtigen, internationalen Kunden vorgezogen. Die Organisatoren hatten Monate gebraucht, um diesen Besuchstermin zu fixieren. Und dann hatte das CEO-Büro den Termin kurzfristig abgesagt wegen »wichtiger Verpflichtungen« des Konzernchefs. Später hatten sie erfahren, dass der CEO zur fraglichen Zeit am Golfplatz gesehen worden war, von den wichtigen Geschäften keine Spur.

Das Unbehagen im Umgang mit Kunden, das beim Management begann, setzte sich erstaunlicherweise bei jenen fort, die von Berufs wegen nur um die Kunden kreisen sollten, den Verkäufern. Es waren stets die gleichen Szenarien, nur die Akteure und Kulissen wechselten. Auf einer Messe – wir hatten viel Geld in den Messestand und die eingeflogene Messemannschaft investiert – präsentierte sich unser Stand wie eine Insel im Getriebe der Messebesucher. »Es war eine geschlossene Gesellschaft, die anwesenden Verkäufer und Produktexperten redeten miteinander oder konzentrierten sich auf das eigene Notebook oder das Telefon, ohne auch nur ein Auge auf potenzielle Kunden zu werfen. Die vielen bei der Messe anwesenden Entscheidungsträger wurden ignoriert«, teilte uns der Chef eines wichtigen lokalen Vertriebspartners später seine Beobachtungen mit. Bei unzähligen Kundenveranstaltungen habe ich ähnliche Ausgrenzungen der Kunden miterlebt. Der Kunde bleibt ein weitgehend unbekanntes Wesen. Der Konzern ist dank der Kosten- und Kontrollobsession nach innen orientiert. Das Wissen über die Außenwelt, die Kunden, aber auch die Konkurrenz, ist begrenzt. Viele Verkäufer gehen nicht auf die Wünsche der Kunden ein, einige schrecken nicht einmal davor zurück, Kunden arrogant zu belehren.

In einem Workshop mit unseren Branchenexperten sollten die Bedürfnisse des potenziellen Kunden, der eine riesige Investition plante, diskutiert und unsere Kompetenz als Lieferant demonstriert werden. Der Delegierte des Kunden hatte uns vor seiner Anreise eine lange Liste mit Punkten für die Tagesordnung geschickt. Als er wie vereinbart am Treffpunkt, einer vernachlässigten Seitenstelle der Unternehmenszentrale, eintraf, herrschte Konfusion. Die Unterlagen für den Gast waren nicht vorbereitet, der Kaffee nicht fertig, der Projektor für die Präsentation schlecht positioniert, der Hauptredner fehlte. Der Eröffnungsredner begann seinen Vortrag mit dem Hinweis auf die fusionsbedingte, derzeitige Umstrukturierung der Gruppe und die herrschende Ungewissheit, ob sein Team zukünftig überhaupt für diesen Markt verantwortlich sein würde. Mit großer Verspätung kam endlich der angebliche Schlüsselexperte, in Hemdsärmeln, und hemdsärmelig war auch seine Präsentation. Alte Datumsangaben auf den Folien belegten ihre Nicht-Aktualität. Zudem ignorierte er die vom Interessenten vorgegebenen projektrelevanten Themen und schreckte nicht davor zurück, den Gast in dessen ureigenstem Metier zu schulmeistern. Schließlich stoppte er seine Präsentation abrupt und schaute auf den irritierten Besucher: »Nun, nach all dem, was Sie gehört haben – unterschreiben Sie hier!« Es klang nicht einmal nach einem Späßchen, peinlich …

Peinlich war überhaupt das Wort, das mir bei den Auftritten unserer Manager vor Kunden am häufigsten in den Sinn kam. Einer wurde während einer Präsentation vom eigenen Gleichnis der Vogel- und Froschperspektive, die entweder die Sicht auf das große Ganze oder das kleine Detail ermögliche, so mitgerissen, dass er aufgeregt ausrief: »Ich sehe heute viele Frösche hier im Publikum.« Die »Frösche«, auf die Unternehmenstechnologie und nicht das Gesamtgeschäft fokussierte Manager, schauten nicht besonders glücklich und wir zuhörenden Kollegen fühlten mit ihnen. Bei anderen Unternehmen ist es nicht anders. Eine renommierte Unternehmensberatungsfirma präsentierte den Vorstandsmitgliedern einer führenden Bank eindrucksvoll zwei Stunden lang Strategien zur Verbesserung der Effizienz der Filialen. Da gab es nur ein kleineres Problem: Die fragliche Bank verfügte über kein Filialnetz. Die Zuhörer waren höflich genug, die Präsentation nicht zu unterbrechen. Aber in dem Moment, in dem die Berater das Gebäude verließen, wurde auch schon der Absagebrief diktiert.

Bei unserem internationalen Verkäufertreffen stellten die Veranstalter dem Auditorium die Entscheidungsträger von Topkunden vor und vermittelten erstaunliche, wenn auch nicht unbedingt geplante Einsichten. Einer der Kunden hielt fest, dass er in den letzten zehn Monaten mit keinem Repräsentanten unseres Unternehmens gesprochen habe und unser derzeitiges Schlüsselkonzept seine Probleme nicht löse (»Wir müssen einige Frösche küssen, um einen Prinzen zu finden.«), aber da seien »viele andere Dinge, bei denen Sie uns helfen könnten ...«, wenn sich nur jemand darum kümmern würde. Mit seinem Kollegen aus einer anderen Branche war er sich einig, dass er als viel beschäftigter Entscheidungsträger nicht ständig von Verkäuferfragen nach seiner Geschäftsstrategie belästigt werden wolle. Diese sollten die Verkäufer bereits kennen, wenn sie seine Büroschwelle überschritten. Dem fügte ein anderer bekannter Kunde den Ratschlag hinzu: »Verstehen Sie zuerst Ihr eigenes Geschäft«, und der Technologiechef eines führenden Autoherstellers fasste das Rezept für eine erfolgreiche Kundenbeziehung kurz und bündig zusammen: »Seien Sie ein PARTNER für uns!«

Auf dieses partnerschaftliche Verhalten setzten die Ausnahmen von der Regel, Manager und Verkäufer, bei denen ich gesehen habe, wie es funktionieren könnte. Sie gehen neugierig auf die Kunden zu und engagieren sich, um ihre Bedürfnisse herauszufinden und zu befriedigen. Auch sie sind keine Philanthropen, aber sie legen mit ihrem Kunden-Zugang die Basis für eine langfristige, für beide Seiten profitable Beziehung, nicht nur für eine kurzfristig gute Gewinnspanne. Leider haben die meisten von ihnen das Unternehmen irgendwann verlassen.

Das Management hatte einen anderen Zugang. Es setzte auf die nunmehr vorrangigen Instrumente – Prozesse und Institutionalisierung. Das Bemühen um Kundenzufriedenheit, das jeden einzelnen Mitarbeiter antreiben sollte, wurde in eine Abteilung gesperrt. Die neue Kundenzufriedenheitsabteilung machte bei Kunden regelmäßig Standardumfragen und erstellte den Zufriedenheitsindex. Nicht ohne Stolz stellte sie der Generaldirektor beim Mitarbeitertreffen vor. Es schien, als ob das Management wirklich der Meinung war, damit die perfekte Basis für zufriedene Kunden gelegt zu haben. Die separate Organisation wurde von einem neu ernannten Vizepräsidenten geleitet, der von Anfang an keinen Zweifel über seinen quantitativen Zugang zur Materie ließ. Als Erstes stellte er uns einige theoretische Modelle vor und erklärte uns die Bedeutung des Zählens, Messens, Wiegens am Beispiel von Autos. Wie wüsste man ohne Messungen, mit welcher Geschwindigkeit man fährt. Wir waren beeindruckt.

Erwartungsgemäß erwies sich der Leiter des »Büros für Kundenzufriedenheit und Qualität« als Musterschüler der gängigen Konzerndiktion. »Indem wir die operativen Ergebnisse weiter steigern, die Effizienz und Produktivität verbessern, verfolgen wir die Schlüsselfaktoren, um die Kundenzufriedenheit zu steigern«, schrieb er uns ins Stammbuch. Dazu brauchte er selbstverständlich Verstärkung. »Ich habe XY beauftragt, mich bei der Etablierung und Führung des Büros zu unterstützen. XY ist ein Mitglied der Finanzabteilung und Direktor des weltweiten Büros für das Visionen-Programmmanagement.« Interessant, dachte wahrscheinlich nicht nur ich, ein Erbsenzähler, der von unserer Geschäftsleitung mit dem Management von Visionen betraut ist und jetzt zudem noch die Speerspitze für Kundenzufriedenheit wird. Eigentlich logisch bei den Konzernprioritäten. »Unterstützt werden XY und ich vom regionalen Finanzdirektor und der Chefin des Qualitätsprogramms ›Schwarzer Gürtel‹. Wir sind dabei, zusätzliches Personal zu identifizieren. Wenn wir uns nun auf die vor uns liegenden Herausforderungen vorbereiten, bitten wir Sie um Ihre fortgesetzte Unterstützung, um dieses Büro zu einem Erfolg zu machen.« Der konzerninterne Erfolg seines Büros, das bereits beträchtliche Ressourcen auf sich vereinte, schien ihm wichtiger als seine hehre Mission, die Zufriedenheit des Kunden.

Weitere Hoffnung auf die kanalisierte Annäherung an das unbekannte Wesen »Kunde« nährte die neu installierte Arbeitsgruppe »Leidenschaft für den Kunden«. Eines der führenden Mitglieder der Gruppe war ein langjähriger Bürokrat, der – bis dahin mit Qualitätsstandardzertifizierung und der Organisation von Kundenbefragungen beschäftigt – kaum leibhaftige Kunden zu Gesicht bekommen hatte.

Nach neuerlichen Umstrukturierungen im Konzern wurde aus der Abteilung »Kundenzufriedenheit« die Abteilung »Optimale Kundenerfahrung« (OKE). Auch das OKE-Team setzte auf Bewährtes – Selbstprofilierung innerhalb des Unternehmens, Aufbau von aufwendigen Strukturen und langwierigen Prozessen sowie die Kommunikation von sorgsam konstruierten, eindrucksvollen Einsparungen. Berge kreisten und gebaren wiederum interne Plattheiten mit wenig Außenwirkung. So bot das Team »strategische OKE-Qualitätsverbesserungsprogramme« an, indem es eine Infrastruktur für beschleunigte Prozessverbesserung durch den Einsatz von geübten, zu Resultaten entschlossenen Experten schuf und die Nutzung der richtigen Instrumente und Messtechniken sicherstellte. Dann stellte das Team weiter seine Kreativität unter Beweis und Einsparungen in zweistelliger Millionen-Dollar-Höhe vor, die angeblich durch die Verbesserung von Prozessen erzielt worden waren und sich zudem auf die Kundenzufriedenheit positiv ausgewirkt hatten. Die Errungenschaften lasen sich reichlich bizarr und demonstrierten ausgiebig die Prozessverliebtheit des Teams. Das OKE-Team konstatierte, dass Prozessverbesserungen bei globalen Lieferungen vorankämen. Es seien »die wesentlichen Prozessverbesserungsprioritäten identifiziert und zweimal jährlich durch einen formellen Prozess, der wiederum von einer abteilungsübergreifenden Prozessverbesserungsgruppe angeführt wird, unterstützt worden«. Weiter verwies das Team auf die Vorteile der »Kundenselbstreparatur« (KSR), die zur Senkung der totalen Kosten beitragen und gleichzeitig die Kundenzufriedenheit und unsere Garantieausgaben als Prozentsatz vom Umsatz verbessern würden. KSR biete Kunden, die Unabhängigkeit suchen, die Option der Selbstversorgung und die Möglichkeit, die totalen Kosten zu senken, »ein wichtiger Loyalitätsfaktor«. Genial. Dann wies das Team, unter vielen anderen abstrusen Beispielen, auf Programme einzelner Produktgruppen zur Verbesserung des Kundenerlebnisses hin. So hatte das Team YY, im ständigen Bemühen, das OKE zu verbessern und die Kundenloyalität zu steigern, für das Fiskaljahr die Ziele »Produkterfahrung und Qualität« identifiziert, während das Team XYZ ein Programm zur Verbesserung von Kundenanforderungen (VKA) initiierte. VKA ermögliche Kunden, ihre Anfragen online zu unterbreiten. Fürwahr beeindruckend. Ist uns das Selbstverständliche in dieser Kunstwelt Konzern schon so fremd, fragte ich mich.

Aber dann kam ein wichtiger Punkt. »Allerdings könnte die gemessene Kundenzufriedenheit schon bedeutend größer sein«, merkte das OKE-Team an, »wenn nur die Teile vorhanden wären, die zur Fertigung wichtiger Produkte notwendig sind«. Ihr Fehlen war die Folge vorangegangener drastischer Sparmaßnahmen am falschen Platz. »Leider verursacht die Verfügbarkeit der Komponenten immer noch Probleme, und das ist der Hauptgrund, warum wir die qualitativen und quantitativen Ziele nicht erreicht haben. Auch bei der Verfügbarkeit der Systeme gab es Probleme.« Die wirklichen Probleme, die die Kundenzufriedenheit massiv beeinträchtigten, waren also nicht gelöst. Die vielen Foren und Programme waren nur interne Dekoration.

Die Kunden leiden unter den Folgen der Konzerndogmen. Die kurzsichtige Profitgier, die Kopfzahl-Massaker, die ständig wechselnden Ansprechpersonen, die Prozessmanie, die eingeschränkte Entscheidungsfreiheit der lokalen Organisation und die organisatorische Komplexität der Hersteller sind Gift für die Kundenbeziehung. Ein wichtiger Kunde, den ich zu einem Managementtreffen einlud, um seine Prioritäten und Wünsche zu erfahren, erzählte uns, wie viel Zeit er investiert, um die Struktur seiner Lieferanten zu erforschen, damit er mit ihnen überhaupt noch Geschäfte abwickeln kann. »Jeder ihrer Geschäftsbereiche hat seine eigenen Ziele und wird für sie kämpfen«, sagte er. »Zusätzlich gibt es noch harte Kämpfe zwischen der lokalen Organisation und dem regionalen Team des Lieferanten. Manchmal wenden wir uns direkt an die Zentrale, weil die lokale Niederlassung sowieso nichts entscheiden kann. Eine kleine, naive Firma würde noch annehmen, da ist ein Logo, ein Unternehmen, mit dem ich verhandeln kann, und sich nicht vorstellen können, dass es da viele konkurrierende Teile gibt. Sogar für kleine Teile des Portfolios sind noch eigene Manager da. Bei euch hab ich wenigstens noch einen Ansprechpartner (hat sich in der Zwischenzeit auch geändert), der sich um alles kümmert und unternehmensintern weiterdelegiert. Und am Ende des Tages ist es immer die Einzelperson, die den Unterschied macht. So habt ihr in einem benachbarten Land keinerlei Chance gegen die Konkurrenz zu gewinnen. Ich würde immer von der Dame, die den Wettbewerb dort repräsentiert, kaufen. Sie kümmert sich so engagiert um uns.« Unser ehemaliger Verkaufschef hatte noch gewarnt, »der Kunde erwartet ein Unternehmen mit einer Verkaufsmannschaft.

Lassen wir uns nicht vom Wichtigsten ablenken, dem Kunden. Große Konzerne sind gescheitert, wenn sie den Kunden aus den Augen verloren haben. Den Kunden ist es egal, wie wir uns über die Grenzen von Geschäftsbereichen organisieren«.

Andere Kunden beschweren sich über die Vielzahl von Prozessen, denen sie von Lieferantenseite unterworfen werden und suchen nach Auswegen. »Ich sehe nicht ein, warum ich meine Zeit damit verbringen soll, ständig zu hören, dass dies und jenes aus lieferanteninternen Gründen nicht möglich sei, dass dies und jenes gegen die Prozesse beim Lieferanten verstoßen würde ... Heutzutage kaufe ich lieber von kleineren, flexibleren Unternehmen, die nicht versuchen, alle ihre bürokratischen Vorschriften auf mich überzustülpen«, sagte ein anderer Beschaffungsmanager eines wichtigen Kunden. Aber genau das ist die Crux: Nach all den Fusionen und Firmenaufkäufen stehen nicht mehr allzu viele Hersteller zur Wahl. Und die meisten anderen verfolgen dieselben kundenfeindlichen Dogmen.

»Das ist jetzt der vierte neue Kundenbetreuer in kurzer Zeit, dem wir wieder alles neu erklären müssen, unsere Struktur, die Einkaufsprozesse ...«, beklagte ein Einkäufer die massive Fluktuation. »Ich habe unseren wichtigen Kunden schon so viele neue Kollegen vorgestellt«, konstatierte resigniert der Verkaufsleiter, »Barbara, Rudolf, John ... wo sind sie jetzt alle, sie haben alle das Unternehmen verlassen. Es scheint so, dass wir zukünftig sagen müssen, dieses Quartal ist diese Person zuständig ...«

Der Quartalsdruck, dem alles andere untergeordnet wird, und die schnell wachsenden internen Prozess- und Berichtanforderungen führen zu Zeit- und Interessenskonflikten bei den Mitarbeitern, die meist zulasten der Kunden gehen. So fragte eine Mitarbeiterin beim Quartalstreffen mit dem Management. »Was soll ich tun? Es ist das Ende des Finanzjahrs. Alle wollen ihre Berichte und zur selben Zeit soll ich mich darum kümmern, dass die Kunden ihre Produkte rechtzeitig bekommen. Was kommt zuerst, die Berichte an die Zentrale oder die Lieferungen an die Kunden?

Analysen, Berichte – Millionen Menschen wollen was, wann soll ich das tun, was eigentlich meine Aufgabe ist, die Kundenlieferungen möglich machen.« Der damalige Boss hatte noch klare Prioritäten: »Denken Sie an die Kunden, lösen Sie das Kundenproblem zuerst.« Die Mitarbeiterin: »Kann ich auf Ihre Unterstützung zählen, wenn ich deswegen interne Probleme bekomme?« Sie konnte nicht, denn er verließ kurz danach das Unternehmen.

Schon längst hatten Kollegen die Erfahrung gemacht, dass das Leben im Unternehmen weitaus leichterfällt, wenn vorrangig die internen Anforderungen penibel eingehalten werden. Der Manager für ein wichtiges Marktsegment beschrieb nach der ersten Kundenpräsentation seit längerer Zeit sein Dilemma: »Abendessen mit einem wichtigen Kunden oder die x-te Version eines Geschäftsplans und die Erledigung des explodierenden, internen E-Mail-Verkehrs?« Um Ärger zu vermeiden, neigte er immer mehr der zweiten Alternative zu. »Hauptsache, E-Mails beantwortet.« Interne Auditoren und Erbsenzähler können weitaus lästiger fallen als der Kunde, der kein internes Sprachrohr hat. So kommen denn viele Kollegen, die eigentlich nach außen gerichtete Jobs haben, nicht mehr über die interne Schwelle hinaus. Sie sind schon stolz, wenn es ihnen gelingt, Geschäftsbereiche intern zu koordinieren oder Veranstaltungen für unternehmensinterne Zielgruppen zu organisieren.

Es ist schon für große Geschäftskunden schwer, die Mauer um den Konzern zu überwinden. Unvergleichlich schwieriger ist es für die Konsumenten. Die Werbung suggeriert ihnen, dass der Konzern Interesse an seinen Kunden hat und sie glücklich sehen will. In Wirklichkeit will er so wenig wie möglich für den Kundenservice ausgeben und die Kommunikation so weit wie möglich standardisieren und automatisieren. So erleben die Kunden eine frustrierende Asymmetrie der Kommunikation, wenn sie mit einem Anliegen oder einer Reklamation an den Konzern direkt herantreten möchten.

Die Abschottungsmethoden sind vielfältig. Sie beginnen mit

einer E-Mail-Adresse, die von einer Maschine bedient wird. »Es tut uns leid. Sie haben an eine Adresse geschrieben, die keine ankommenden Mails akzeptieren kann. Bitte beziehen Sie sich auf die Antwort, die wir Ihnen gesendet haben und nutzen Sie die Links am Ende der Botschaft, um uns mehr Informationen zu schicken, damit wir Ihr Problem lösen können. Das wird uns helfen, Ihre Botschaft mit Ihrer früheren Korrespondenz zu verbinden. Falls sich keine Links finden auf der Botschaft, die Sie bekommen haben, oder Sie uns über ein anderes Problem informieren wollen, besuchen Sie uns bitte auf der Customer Service Home Page …« Zurück an den Start. Weitere vergebliche Versuche. Erst nach der Mitteilung, man sei nicht der Meinung, dass der »Kundenservice« seinen Namen verdient, und nach der Androhung der Rückabwicklung, meldet sich ein vernünftiges Wesen, dem man allerdings wieder nicht direkt antworten kann, sondern nur über das Online-Formular. Die Zeit des Kunden zählt offenbar nichts, solange es nur für das Unternehmen bequem ist, und das bei einem globalen Konzern, der von sich sagt, dass er die am »am meisten kundenzentrierte Firma auf Erden« sein wolle. Das wird noch ein langer Weg.

Vielleicht ist es bei einem dieser neuen asiatischen Konzerne besser, vielleicht meinen die noch, was sie sagen. Immerhin, die E-Mail wird von Menschen aus Fleisch und Blut bedient. Sie sind ausgesprochen freundlich, tragen aber zur Lösung des Problems, das Ihnen unter dem Nagel brennt, so ganz und gar nichts bei, und finden aber auch nichts dabei. »Vielen Dank fuer Ihre E-Mail-Nachricht. Wir freuen uns, dass Sie sich an unser Customer Care gewandt haben! Sie moechten gern aktuelle Informationen ueber das neue Mobiltelefon xx? Wir freuen uns, Ihnen hier etwas anbieten zu koennen. Im Moment haben wir kein Ladegerät für das Modell. Wir koennen noch keine Auskunft geben, wann das Ladegeraet lieferbar sein wird. Freundliche Gruesse, einen schoenen Tag und herzlichen Dank, dass Sie sich fuer unser Produkt entschieden haben. Ihr Service Team.«

Besonders hinterhältig sind kostenpflichtige Helplines, die ihren Namen nicht verdienen. Wie sagte ein frustrierter Konsument (Ö1 Konsumentenmagazin, 21. April 07): »Man hat den Eindruck, die wollen zwei Mal abcashen, erst beim Kauf und dann beim ›Service‹. Zuerst hört man einmal zwei bis drei Minuten Musik in der Hotline, bevor dir dann jemand aus Irland in gebrochenem Deutsch sagt, was du tun sollst …« Inzwischen beginnt sich der Konsumentenschutz der allein gelassenen Ratsuchenden anzunehmen und die »Unsitte wertloser, aber kostenpflichtiger Service-Hotlines« anzugreifen, um zumindest bei Nicht-Erfolg das Recht auf kostenlose Rückabwicklung zu etablieren. Allein der Gedanke an dieses ungeheure Unterfangen treibt einem die Schweißperlen auf die Stirn. Eine Kommunikationshürde dieser Art würde so gut wie unmöglich zu nehmen sein. Es mag zwar nicht rechtens sein, dass man dann erst wieder eine kostenpflichtige Telefonnummer anrufen muss, bevor man eventuell Auskunft von der Firma erhält, wer zuständig sein könnte, aber wer hat die Zeit und Nerven, diesen Marathon durchzumachen. Vielleicht bekommt man noch eine Nummer, aber dann wird sich gewiss wieder eine Konservenbox melden, der automatische Anrufbeantworter, denn welcher leidgeprüfte Konzernmitarbeiter nimmt denn heute noch freiwillig einen unbekannten Anruf von außen entgegen? Also gleich aufgeben und zahlen, so wie alle anderen auch.

Das neu gekaufte elektronische Produkt funktioniert nicht. In vorauseilendem Gehorsam setzt man als Konsument erst Gott und die Welt in Bewegung, um auszuschließen, dass man nicht doch selbst einen Fehler gemacht hat. Ein erfahrener IT-Lösungsarchitekt wird gebeten, das Produkt vorweg zu testen, bevor man sich an die Helpline des Herstellers wendet und viel beschäftigten Call-Center-Agenten die Zeit stiehlt. Intensive Tests, also doch, Produkt kaputt, Anruf bei Helpline, 26 Minuten in der Warteschleife auf eigene Kosten, dann vorwurfsvoller Agent, der dem Konsumenten das Gefühl vermittelt, vermitteln muss, dass es nur an ihm/ihr liegen kann. »Haben Sie das und das und das schon probiert?« Der Anrufer ist von Anfang in der Defensive, Bittsteller … Konsument übergibt Telefon an IT-Profi-Bekannten, der spricht die Fachsprache, nach weiteren fünf Minuten nunmehr selbstbewussten Diskurses auf hohem technischem Niveau die Conclusio – das Produkt ist kaputt, nicht der Konsument blöd. Natürlich keine Entschuldigung für Produktionsfehler oder sonst etwas Nettes, gar nichts, auflegen. Konsument nimmt sich Zeit, bringt Produkt zurück, besorgt sich vorübergehend Ersatzprodukt – alles auf eigene Kosten.

Der Konzern will nicht wirklich persönlich etwas zu tun haben mit den Konsumenten. So instruiert beispielsweise eine Bank ihre Mitarbeiter, wie wir von einem ebensolchen hören, dass sie zu den Kunden, die es noch wagen, die teure Zeit der Angestellten am Bankschalter zu verschwenden, ungut sein sollen, um sie – die angeblich weniger lukrativen – ganz zu vertreiben oder wenigstens dem Internet anheimfallen zu lassen. Das erklärt das forsche Verhalten vieler Bankmitarbeiter, wenn man von Zeit zu Zeit doch etwas am Schalter braucht.

Die Folgen für Manager und Mitarbeiter

Vollstrecker statt Manager

Gehorsame Dogmatiker sind sie, die leitenden Manager. Die Konzernmaschinerie lässt keinen Platz für Querdenker, Differenzierer, Zweifler und schon gar nicht für Kritiker, mögen sie auch noch so konstruktiv sein. »Brutal exekutieren«, sagte einer unserer Chefs, ein Konzernsoldat, der auf der Hierarchieleiter gerade wieder einen großen Schritt nach oben tat. »Nur darauf kommt es heutzutage an.« Was da so brutal exekutiert wird, scheint eher nebensächlich. »I may be wrong but I am not confused«, war das Motto eines Managers, der einen erfolgreichen Pragmatiker an der Spitze eines Teams ablöste.

»Abziehbilder«, denke ich, wenn unsere Manager bei einem Quartalstreffen wieder einmal nur die üblichen Phrasen dreschen anstatt Ideen zu haben. »Vollstrecker«, denkt eine Kollegin laut. Fast wie dressierte Dog-Men erscheinen sie einem, wie sie so willfährig die gängigen Konzerndogmen befolgen und sich widerspruchslos in die geschlossene Befehls- und Berichtskette einfügen. Natürlich gibt es Ausnahmen, aber die meisten von ihnen haben das Spielfeld mangels spielerischer Freiräume bereits freiwillig verlassen oder wurden von den Konzern-Schiedsrichtern des Feldes verwiesen.

Die Manager an der Konzernspitze und in den mittleren Rängen kennen die Spielregeln des Marktes. Sie denken an den eigenen Marktwert und ihr Überleben und schlagen sich uneingeschränkt auf die Seite der Aktionäre. Die Mitarbeiter und Kunden sind ihnen egal. Solange sie nach der Pfeife der Aktionäre und Analysten tanzen, zum Hohelied des Profits, solange sie auf die Kosten- und Kopfzahlreduktionstrommel schlagen, solange ihre Diktion Effizienz und Dynamik suggeriert, solange werden sie verheimlichen können, dass sie keine gültige Strategie für die Zukunft haben. Für sie lohnt es sich, angepasst zu sein, denn Mittelmaß wird gut entlohnt. In Ermangelung eigener Ideen sind glaubhafte Vorbilder gefragt. Die Bedeutung eines Modemachers wie Jack Welch kann in diesem autoritätshörigen Ambiente gar nicht überbewertet werden. Welch hatte es als CEO von General Electric zur Mode gemacht, auch in guten Zeiten massiv Leute abzubauen, um die Profite zu steigern. Allerdings hatte er auch Ideen, wie gleichzeitig die Nachfrage für andere GE-Produkte gesteigert werden konnte. CEOs aus seinem Stall waren beinharte »Sanierer« und heiß begehrt. Sie verbreiteten missionarisch die drastischen Methoden ihres Chefs in Amerika und darüber hinaus.

Berufseuphoriker und -opportunisten beherrschen das Feld. Unser CEO folgte uneingeschränkt der restriktiven globalen Konzernmode. Für sein Management ist es wichtig, jede seiner Pseudostrategien enthusiastisch zu begrüßen. Sie nur umzusetzen genügt nicht. Die Begeisterung musste spürbar sein, zumindest gut gespielt von den Berufsclaqueuren. Das klingt dann etwa so: »Die neuen Modelle für das Unternehmen und unseren Geschäftsbereich werden uns helfen, zukünftig sogar noch höhere Leistungen zu erzielen.« Wer die Worte des Chefs wörtlich wiederholt, macht sicher nichts falsch. Wahrer wird dadurch nichts, aber der Boss hört's gern.

So klingt es wie ein Echo aus allen Teilen des Unternehmens: »Das Team und ich sind sehr begeistert, die neue Marketingmission umzusetzen, und wir sind entschlossen, unseren Geschäftsbereich erfolgreich zu machen und unserem Unternehmen zu noch größerem Wachstum zu verhelfen, indem wir die Kosten im Griff behalten, damit der Konzern gleichzeitig ins Wachstum investieren kann. Das sind aufregende und herausfordernde Zeiten für unser Unternehmen und unser neues Marketingteam. Ich bin wirklich stolz, so motivierte und talentierte Marketingleute zu führen«, schreibt die systemkonforme Marketingmanagerin. Das obere Management liebt die Adjektive »begeistert, stolz, herausfordernd, engagiert, entschlossen ...«. Ich lese die Mail und denke, die Wortwahl kommt mir sehr bekannt vor. Kein Wunder, denn es sind die gleichen Worte, die der nächsthöhere Marketingmanager kurz zuvor verwendet hatte: »Das Team und ich sind sehr begeistert, diese neue Marketingcharta umzusetzen, und wir sind entschlossen, unseren Geschäftsbereich erfolgreich zu machen und unserem Unternehmen zu noch größerem Wachstum zu verhelfen ...« und so weiter und so fort. Wer hat von wem kopiert? Beide vom nächsthöheren Funktionär? Der schrieb nämlich auch: »Das ist eine aufregende Zeit für unser Unternehmen, und ich bin zuversichtlich, dass die Verkaufsorganisation unseres Geschäftsbereiches ihre ehrgeizigen Ziele und Vorgaben erreicht, wie sie von unserem CEO umrissen wurden, um unser Unternehmen zu einem großartigen Unternehmen zu machen, einem Unternehmen« – man ahnt es schon – »das die Kosten im Griff hat, während es gleichzeitig in Wachstum investiert. Und während wir weiter die neue Organisation implementieren, fordere ich Sie auf, den Fokus auf unsere Kunden beizubehalten und die Geschäftsleistung zu forcieren. Ich zähle auf jedermanns Beitrag. Gemeinsam werden wir zur besten Verkaufsmannschaft in der Region.« Der Manager einer kleineren Region denkt sich: »Da muss ich auch in den Chor der Mächtigen einstimmen.« Er wird schreiben: »Das ist eine aufregende Zeit für unser Unternehmen und ich bin so begeistert ...« Einer plappert dem anderen nach wie ein Papagei.

Ein starkes Rückgrat ist kein Vorteil bei den vielen Verrenkungen, die dem Management abverlangt werden. Die Spezies der Yes-Men, aber auch Yes-Women, die es nur mit bedingungslosem Gehorsam und Kadaver-Loyalität in die Nähe der Spitze schaffen, floriert im Management. Sie wissen, dass sie anpassungsfähig sein müssen wie ein Chamäleon, um zu reüssieren, und dass sie jedes der vielen Hü & Hott im Unternehmen mit uneingeschränkter Begeisterung mitmachen müssen.

Bewundernswert, denke ich. Ich könnte es nicht. Egal, in welche neue Position jemand abgeschoben wird, egal, welcher unfähige Chef dieser Person auch vorgesetzt wird und welche Aufgaben sie zugeteilt bekommt, sie ist immer dynamisch und immer voller Euphorie, ob der neuen »Challenges«. Sie geht um fünf Uhr morgens laufen, ist bei Telefonkonferenzen mit der Konzernzentrale in Übersee am späten Abend noch hoch motiviert und sagt immer das, was von ihr erwartet wird. Bei der Managementkonferenz der Region verspricht sie, mit deutlich verringerten Budgets mehr Leistung, bei der Einführung der neuen Organisation, von deren Effizienz sie selbst nicht überzeugt ist, predigt sie uns, umzusetzen und »das Beste daraus zu machen, anstatt zu diskutieren«. Nur kein Widerspruch, nur keine Wellen. Ach ja, ihre Mitarbeiter sagen, dass sie wenig von ihr sehen und hören. Sie sei ganz nach oben orientiert.

»Erst die Fehler machen lassen«, meint der Manager, an den ich indirekt berichte. Als ich beim Telefonkonferenzruf auf die erfahrungsgemäß zu erwartenden künftigen Probleme der neuen Aufteilung nach Marktsegmenten hinweise, die jedem Praktiker sofort ins Auge springen, winkt er ab: »Irgendwann wird das Management schon draufkommen, dann kann man es immer noch reparieren.« Ich soll mich nicht darum kümmern, sondern tun, wie mir gesagt wurde. Nur kein negatives Feedback nach oben weitergeben. Ein anderer Berufsopportunist begrüßt jede noch so abstruse Organisationsänderung, jede noch so verworrene neue Verkaufsstruktur mit aufmunternden Zeilen wie »Glückliches Netzwerken« und »Glückliches Verkaufen«, egal, wie sehr das Leistungsumfeld der Erfüllung dieser frommen Wünsche entgegensteht. Selbst als ihm die halbe Mannschaft wegrationalisiert wird, leistet er keine Gegenwehr. »Was sollte ich denn tun?«, sagt er, als ich ihn darauf anspreche, und schwärmt noch per Mail davon, was sie (er und sein Restteam) nicht alles aus dem Markt herausholen würden. Sie sind überall, die braven Exekutierer. »Soll ich mich, so kurz vor der Pensionierung, noch über die für die Kunden negativen Folgen des Auslagerungsprojekts aufregen?«, fragt sich ein Landesmanager und tut es nicht. Es ist schließlich das Lieblingsprojekt eines der obersten Bosse, den man nicht mit der Information von den heftigen Kollateralschäden seiner Initiative behelligen will. Kann nur von Nachteil sein für einen selbst. Das geht durchgängig nach unten. Das System der zentralen Konzernbefehlsausgabe und durchgängigen Kontrolle lässt nicht nur bei Personalentscheidungen wenig Entscheidungsspielraum für die Manager der mittleren und unteren Hierarchie. In einem anderen Konzern darf der Landesverantwortliche nicht einmal eine geringfügige Vertragsänderung absegnen. Er muss die Genehmigung der nächsten Hierarchiestufe in einem anderen Land einholen.

Das interne Papier mit den Kommunikationsrichtlinien für die Konzernquartalszahlen lässt keinen Zweifel offen: »Aktives Herangehen an Medien und Analysten ist nicht erlaubt und es soll keine Interviews über die finanziellen Resultate geben. Die Medienkontaktierung wird auf weltweiter Basis betrieben durch das Konzernmedienbeziehungsteam und wird darauf fokussieren, die wichtigsten Konzernbotschaften zu platzieren. Im Allgemeinen gilt: Verfolgen Sie keine Presseinterviews, Pressekonferenzen oder Analystenbriefings ohne Konsultation und Zustimmung des Konzernteams. Jede Anfrage von einem Finanzanalysten muss sofort zum Investorenbeziehungsteam eskaliert werden, regionaler oder Landeskontakt ist strikt verboten.« Der Geschäftsführer der Landesniederlassung darf also nicht zur Pressekonferenz einladen, um die Quartalszahlen seines Konzerns zu kommentieren. Die Konzernspitze traut ihm das nicht zu. Auf Anfrage darf er oder sie Stellung nehmen und die vom

Konzern in Rundschreiben vorformulierten Antworten wiederholen. Zahlen über die Umsätze im jeweiligen Land sind nicht erlaubt. Sonst könnte es Probleme geben. Schließlich lässt der Konzern weltweit alle relevanten Zeitungsausschnitte sammeln.

Die mangelnde Kompetenz und Informationsbereitschaft bzw. -möglichkeit war auch das Problem bei den Verhandlungen der deutschen Regierung mit Opel im März 2009. »In Berlin ist die Verärgerung vor allem darüber groß, dass der Plan bisher eher nach einer Blaupause aus Detroit ausschaut und ›zu viel GM und zu wenig Opel‹ enthält«, schrieb der ›Spiegel‹. Das Problem: Ohne die Einwilligung der Mutter kann Opel nichts entscheiden, fügte ›Die Zeit‹ an (Zeit online, 6. März 2009). Genau das ist es – das Landesmanagement hat nichts zu sagen in einem Konzern, schon bei kleinen Fragen nicht und bei großen erst recht nicht.

Auch wenn sie dem Geschäft, der Zufriedenheit der Kunden oder der Motivation der Mitarbeiter abträglich sind, müssen die omnipräsenten Konzernvorschriften eingehalten werden. So gibt der Konzern beispielsweise den Managern eine Schablone vor, nach der sie zu beurteilen haben, wie viel Prozent ihrer Mitarbeiter in der Spitzenbeurteilungskategorie, der zweiten, dritten und letzten zu sein haben. Ich hatte ein weiteres Jahr hart gearbeitet und konnte viele erfolgreiche Aktivitäten auf dem Markt nachweisen, obwohl mein Gehalt stets dasselbe blieb. Trotzdem teilte mir mein damaliger Chef nach dem obligaten jährlichen Leistungsbeurteilungsgespräch zu meiner Überraschung mit, dass er für mich die – eher mittelmäßige – Leistungsnote »Trifft Erwartungen« vorgesehen habe. Er habe vom oberen Management für die höhere Kategorie »Übertrifft Erwartungen« nur einen kleineren Prozentsatz zugewiesen bekommen und dieser sei nach mehreren Gesprächen schon so gut wie ausgeschöpft. Angesichts meiner Entrüstung und guter Argumente rafft er sich dann doch zur höheren Beurteilungskategorie auf, schränkt allerdings ein, dass er mir die bessere Beurteilung wieder wegnehmen müsse, falls er von oben wegen der unstattgemäßen Verteilung seiner

Beurteilungsnoten gerügt werde. Als ich anmerke, dass so ein Affront nicht unbedingt zu meiner Motivation beitrage, meinte er kühl, die Motivation seiner Verkaufsmitarbeiter sei ihm wichtiger als meine. Gut zu wissen, dachte ich mir und suchte mir einen anderen Chef, der meine Leistungen von Anfang zu würdigen und gerecht zu beurteilen wusste. Ich fand ihn, aber leider verließ er schon bald das Unternehmen.

Die Botschaft ist klar. Wichtig ist die Einhaltung des Prozesses, nicht die Zielsetzung und der Sinn dahinter. Wichtig ist der Gehorsam nach oben, nicht der Schutz oder die Motivation der eigenen Mitarbeiter. Hausverstand ist sowieso nicht gefragt, weil nicht planbar und schlecht überprüfbar. Es zählt das Detail, die formelle Übereinstimmung, nicht die Richtigkeit oder der Inhalt einer Maßnahme. Wie sinnvoll einzelne Beschlüsse und Maßnahmen sind, können die zahlenfixierten Entscheidungsträger nur selten beurteilen. Hingegen können sie leicht feststellen, ob ein Prozessablauf korrekt eingehalten wurde. »Bei Firmen-Audits ist es immer wichtig, dass die Unterlagen in der richtigen Reihenfolge sind. Was in den Unterlagen steht, ist für die Prüfer nicht so wichtig«, erklärte mir ein Manager eines Beratungsunternehmens die Prioritäten.

Der Schein ist wichtiger als das Sein. Schon Peter F. Drucker hat erkannt, dass immer mehr Manager ihre Geschäftseinheiten nicht mit dem Ziel leiten, die beste Leistung zu erzielen, sondern die besten Resultate bei den Kontroll-Audits. Im Rahmen einer Initiative mit dem Titel »Verbesserung des Managementprogramms« wurde ein starkes zentrales Büro aufgebaut, das sich um Dinge kümmerte wie Kennzahlen zu Vertragsverlängerungen, Schadenersatzansprüchen, Verkaufskosten und -methoden. Diese Organisation machte einen hervorragenden Job, das Maß an Kontrolle stieg, aber die tatsächliche Leistung ist seit dieser Zeit zurückgegangen. Feldmanager verbrachten immer mehr Zeit mit dem Ausfüllen von Berichten, und immer weniger Zeit mit ihrer eigentlichen Arbeit. Schlimmer noch: Sie lernten bald, eine gute Leistung dem »guten Schein« einer Leistung unterzuordnen. Nicht nur ging die Leistung stark zurück – noch mehr litt die Einstellung. Das Topmanagement und die unmittelbaren Mitarbeiter wurden von den Managern im Feld als Feinde gesehen, die man austricksen oder so weit wie möglich fernhalten musste.

Die Zahlen und ihre Jünger dominieren den Konzernalltag. Mit etwas Abstand betrachtet ist es eigentlich nur logisch, dass sich mit der Verschiebung der Prioritäten von den Kunden zu den Aktionären, von den Umsätzen zu den Profiten auch die Wertigkeiten in den Unternehmen verschieben. Die Finanzmanager haben vor allem das Sagen. Ihre Prioritäten werden zu den Prioritäten des Unternehmens, ihre Stärken zu den Firmentugenden und den vorrangigen Aufstiegskriterien für die Mitarbeiter. Die in ihren Stammdomänen überaus hilfreichen Triebfedern Gier und Misstrauen werden zu den Triebfedern des gesamten Unternehmens. Der Fokus verlagert sich auf die Zahlen, auf strikte Vorgaben an die Mitarbeiter, detaillierte Vorschriften und die strikte Kontrolle ihrer Einhaltung. Der Blick bewegt sich vom Markt ins Konzerninnere. Die Finanzmanager haben die wichtigsten Funktionen im Konzern übernommen und ihre Ziele auf erstaunlich widerstandslose Manager übertragen. Die Finanzleute entscheiden über die Höhe des Engagements in einzelnen Projekten, über geplante Investitionen, über die Höhe der Verkaufs- und Marketingbudgets, die Zahl der zu feuernden »Köpfe«, und sie wachen letztinstanzlich darüber, ob ihre Anordnungen eingehalten wurden.

›Business Week‹ mutmaßte schon 1996, dass dieser Machtgewinn der Finanzmanager durch die neuen Technologien, die erstmals den Zugriff auf alle Konzerndaten erlaubten, erst möglich geworden ist. Im Konzernalltag dominieren Zahlen und die damit verbundenen IT-Systeme das Leben und die Arbeit. In Managementmeetings werden Zahlen gewälzt, über die mangelnde Präzision der Umsatzvoraussagen gesprochen, die Gewinnmargen des nächsten Quartals geplant, Incentive-Systeme ausgearbeitet, die dem Management und den Verkäufern Anreize zum Verkauf ihrer Produkte liefern sollen. Bei kundenorientierten Unternehmen diskutierten wir früher leidenschaftlich über Zukunftsvisionen und Kundenwünsche und wir fragten uns, wie die Konkurrenz durch noch mehr Kundennähe aus dem Sattel zu heben sei. Heute findet kein Austausch von Strategien mehr statt, es gibt keine Fallbeispiele, keine Kundenanalysen. Eine Managerin beschwerte sich: »Unsere Firma ist so was von zahlen- und systemgläubig! Wenn im Risiko-Einschätzungssystem statt der 7 eine 8 herauskommt, dann ist der Kunde hin. Vielleicht kommen sie ja irgendwann wieder drauf, dass nicht nur die Systemzahlen sondern auch die ›soft factors‹ eine Rolle spielen.«

Geschäftsverantwortliche Manager aus allen Bereichen werden zu Finanz- und Prozessjüngern. Unser CEO ließ sich zuzeiten weltweit jeden Antrag auf Anstellung eines permanenten Mitarbeiters vorlegen, egal, ob es sich um eine Neueinstellung oder den Ersatz für einen Mitarbeiter handelte, der das Unternehmen freiwillig verlassen hatte. Geschäftsführer verbringen ihre Zeit damit, die Telefonrechnungen und die Arbeitszeiterfassung zu kontrollieren. Wie soll da noch Zeit für wesentliche Managementfragen bleiben?

Bei der Telefonkonferenz mit der Analystengemeinde über die Quartalsergebnisse fand unser CEO die richtigen Vokabeln. »Wir lieferten ein solides Umsatzwachstum ab, wir kontrollierten unsere Kosten und Ausgaben, und wir hatten einen starken Cash Flow aus unserer Geschäftstätigkeit. Wir sind auf Plan, unser Managementteam zu stärken, unseren Umstrukturierungsplan zu implementieren – weitere 2000 Jobs wurden eliminiert und Pensionspläne geändert – und unsere Kostenstruktur zu reduzieren.« Dann bombardiert er die Zuhörer mit Zahlen: Steigerung des operativen Profits, Steigerung der Gewinnmarge, der Einkünfte pro Aktie, des Cash-Flow nach Segmenten usw.

Alles, was Finanzanalysten hören wollen, weniger Kosten, weniger Köpfe, mehr Kontrolle, mehr Cash. Mit Ausnahme von zwei kleineren Firmenakquisitionen nennt er aber keine Wachstumsinitiativen und keiner fragt nach. Dann gibt er an den CFO weiter, der erwartungsgemäß das Zahlenfeuerwerk mit wesentlichen Elementen der Gewinn- und Verlustrechnung fortsetzt, Verkaufskosten, Betriebskosten, operativer Gewinn, Netto-Einkommen. Die Analysten sind zufrieden, das Image des CEO als Macher ist gefestigt.

Geschäftsfördernde Initiativen kommen nur selten von den Managern. »Mein Chef ist gänzlich unnütz. Er hat noch nie etwas dazu beigetragen, einen Deal abzuschließen. Er sitzt in der Zentrale, schreibt Reports und schickt mir jeden Tag eine E-Mail, um zu fragen, ob ich das Geschäft schon abgeschlossen habe«, beklagt sich ein engagierter Partnermanager, der »ihnen oft am liebsten alles hinwerfen würde«. Er tröstet sich damit, dass der Chef nicht direkt vor seiner Tür sitzt. »So hab ich wenigstens einen gewissen Freiraum.«

Glaubwürdigkeit und Authentizität der Manager leiden. Obwohl die Manager sich mit Zahlen gut auskennen und immer die richtigen Phrasen parat haben, entdecken ihre Mitarbeiter eine immer größere Diskrepanz zwischen den großen Worten und den Taten. Die Distanz der Mitarbeiter zum Management wächst. Die Mitarbeiter trauern um die Manager, die noch authentisch und menschlich waren, die andere Meinungen einholten, erbrachte Dienste nicht für selbstverständlich nahmen, ihre Teammitglieder schätzten und dies auch zeigten. Doch ihre Zahl wird immer kleiner. Ein beliebter Vertreter dieser Minderheit hat uns kurz vor seinem Weggang noch gesagt: »Ich denke immer an den Peter-Gabriel-Song – ›Don't give up‹. Es ist Zeit, an die Mitarbeiter zu denken, an die Kunden. Kämpft gegen die Bürokratie!« Bei einer Mitarbeiterversammlung hatte er die Mitarbeiter dem Frust entrissen, nachdem sein Vorredner nach einem schlechten Quartal lautstark erklärt hatte, dass sie alle

Versager seien und kein Geld da sei, um sie bei der Veranstaltung zu bewirten. Sein Geschäftsbereich habe Geld, sagte er, und lud alle auf ein paar Drinks ein. Er sei sicher, dass sich mit gemeinsamer Anstrengung das Rad bald wieder in die andere Richtung drehen würde, was dann auch der Fall war.

Auch einer meiner früheren Chefs gehörte zu dieser aussterbenden Spezies. Er versuchte, unsere Wünsche nach der Bürogestaltung zu berücksichtigen. Er coachte uns unauffällig, aber effizient, setzte großes Vertrauen in unser Potenzial, was wir mit den entsprechenden Leistungen dann auch rechtfertigten. »Du musst uns jetzt retten«, sagte er leise zu mir vor meiner Präsentation, der letzten bei einer unternehmensinternen Prüfungsveranstaltung. Die Stimmung des obersten Managements hatte sich gegen unser Team gewendet. Es gelang mir, die hohen Erwartungen zu erfüllen und die Beobachter vom Erfolg unserer Arbeit zu überzeugen. Umgekehrt hat er sich auch für seine Mitarbeiter eingesetzt und uns vor Unbill von oben abgeschirmt. Tempi passati! Das Abschiedsfest für ihn, der nie ein Mann der großen Worte war, bedeutete gleichzeitig das Ende der guten und gut gelaunten Zusammenarbeit, das Ende des Teamgeists, das Ende vieler guter Kundenbeziehungen. Sein Nachfolger war niemand, der Mitarbeiter unter seinen Schirm nahm und beschützte, sondern er ließ uns jederzeit gerne im Regen stehen, sobald ein entsprechender Befehl von oben kam.

Die Manager stehen zweifellos selbst unter Druck von außen. Um damit fertig zu werden, werden sie selbstsüchtiger und weniger loyal ihren Unternehmen gegenüber, wie der ›Economist‹ im Rahmen seines Spezialberichts über die Bezahlung des leitenden Managements (A special report on executive pay, 20.- 26. Januar 2007) konstatierte. »Manager brauchen eine Kompensation für das gestiegene Risiko, ihren Job zu verlieren, und die damit einhergehende kürzere Amtszeit«, schrieb der ›Economist‹ verständnisvoll. Dieses angenehme Ventil steht den Mitarbeitern, deren Risiken ebenfalls stark zunehmen, nicht offen.

Diese Dualität ist typisch. Gegenüber den Mitarbeitern werden die Prozesse strikt angewendet, sie werden finanziell eingeschränkt, aber sich selbst gegenüber kann die Geschäftsführung großzügig sein. Nachdem einer der neuen Chefs in seinem Amt bestätigt wurde, ließ er sich als Erstes die Mobiltelefonrechnungen der Mitarbeiter kommen, um sie zu überprüfen. Für sich hatte er gleichzeitig unter Umgehung der internen Regeln gleich einen speziellen Dienstwagen bestellt.

Gleichschaltung und Erschöpfung der Mitarbeiter

Die Obsessionen der Aktionäre und Manager sind die Leiden der Mitarbeiter. Die Mitarbeiter stehen unter enormem Druck, ohne jegliches Sicherheitsventil. Weder die häufige Skalpjagd im Konzern noch der von den vielen Elefantenhochzeiten niedergetrampelte Arbeitsmarkt taugen dazu, Gelassenheit oder ein Gefühl von Sicherheit zu entwickeln. Täglicher Überlebenskampf ist angesagt. Morgens den Helm aufsetzen und dann durch den Kugelhagel! Wer aus dem System herausfällt, wird es sehr schwer haben, wieder einen gut bezahlten regulären Job zu bekommen.

Da ist zum einen die Quartalsphobie, die in nervtötender Wiederkehr eine Lawine von »Deadlines« produziert, der Kurzfrist-Aktionismus und die Bürokratieorgien. Gleichzeitig potenzieren hohe bürokratische Hürden den Zusatzstress, der durch die regelmäßige Organisation von Großereignissen auftritt. Aber nie Nerven zeigen oder beklagen, dass es zu viel wird. Das ist kontraproduktiv. Chefs und Umfeld signalisieren, dass man wohl nicht recht zu fokussieren wisse und sich besser organisieren müsse. Schlechtes Gewissen stabilisiert die Mitarbeiter. Immer nur hecheln, trotzdem lächeln, immer noch mehr dehnen und strecken, die Nacht zum Arbeitstag machen … und doch ist es nie genug.

Dank der ausufernden Sparpolitik ist Stress auch für die einfachsten Routinearbeiten garantiert. Nichts läuft reibungslos ab, denn es fehlen die Strukturen eingespielter Teams. Sie wurden weggespart und durch ahnungslose Temporärarbeiter ersetzt. Zudem frustrieren umständliche Computersysteme die gestressten User. In Rumänien hat uns einmal ein Professor bei einer Reise erklärt, es sei zu kommunistischen Zeiten Teil der Zermürbungstaktik gewesen, die Leute mit Kleinigkeiten zu beschäftigen, hinter Alltagsnotwendigkeiten herjagen zu lassen, damit sie auf keine anderen Gedanken kommen.

Dazu kommt der Stress, in Großraumbüros arbeiten zu müssen, das Arbeitsleben in der Legebatterie. Das zentrale Konzernimmobilienteam haben die Quadratzentimeter pro Mitarbeiter genau festgelegt. Und sie kommen tatsächlich und messen sie nach! Auch die Chefs sitzen unter dem Fußvolk. Das ist demokratisch, aber auch kontrollfreundlich. So stellt das Großraumbüro ganz nebenbei auch noch zumindest vordergründig die konzernpolitische Korrektheit der Mitarbeiter sicher. Der Konzernmensch hat ja keine Geheimnisse. Gleichschaltung anstatt Individualismus, heißt die Devise. Künstlicher Enthusiasmus anstatt Kritik. Trotz schallschluckender Materialien und Telefonkopfhörer bleibt ein beträchtlicher Lärmpegel. Neuerdings gibt es ein paar Rückzugsoasen. Die sind aber meistens besetzt. Erst am Abend kehrt Ruhe ein, dann erst ist Zeit für Grundsätzliches, Konzeptionelles. Die angeblich durch das Fehlen von Mauern angeregte bewusste Kommunikation hält sich in engen Grenzen. Viele Mitarbeiter schreiben E-Mails, auch wenn sie nur ein paar Meter voneinander entfernt sitzen. Man erfährt vieles, was man nicht für seine eigene Arbeit braucht, aber manchmal doch auch Interessantes. Wie jemand ein paar Reihen weiter die Zukunft des eigenen Jobs diskutiert, zum Beispiel.

Ein weiterer Stressfaktor ist der Zwang zur Prozesstreue. Das enge Korsett der vorgeschriebenen Prozesse bringt jeden Mitarbeiter in ein Dilemma. »Das könnten wir verkaufen wie verrückt, aber wir bringen es intern nicht durch, es ist zum Kotzen«, klagte ein Verkäufer. »Die neuen Vorschriften sind gut für die

Kontrolle, schlecht für die Flexibilität. Jetzt müssen die Leute für fast alles um Genehmigung fragen«, konstatiert ein anderer. Ohne einzelne Prozessvorschriften zu verletzen, bewegt sich nichts mehr im Unternehmen. Das Risiko solcher Verletzungen trägt dann aber der Mitarbeiter, die Angst vor dem internen Audit stets im Nacken.

Aber der größte Unsicherheits- und damit Stressfaktor bleiben die ständigen Umstrukturierungen, bei denen man nie weiß, ob man am Ende noch einen Job haben wird. Ein Kollege, der am Ende keinen mehr hatte, schrieb in seiner letzten Mail: »So wie wir vor Jahren auf dem Spielplatz gespielt haben, die Musik hat aufgehört zu spielen und es sind keine Sessel mehr frei. Leider habe ich dieses Mal verloren. Seit acht Jahren arbeite ich nunmehr Tag und Nacht fürs Unternehmen. Es waren gute und harte Zeiten, aber ich werde mich sicher an die guten Zeiten erinnern und werde versuchen, die härtesten zu vergessen. Meine Zukunft ist zurzeit sehr unsicher, aber sicher werde ich Zeit mit meiner Familie und meinen Freunden verbringen, werde versuchen, Sport zu betreiben und die Batterien aufladen, bevor ich wieder in die Pedale trete.« Oft werden Mitarbeiter versetzt. Eben hat einer noch ein Haus in Westeuropa gekauft, und schon wird seine Position nach Dubai verlegt und er befindet sich nur noch im Flugzeug. Oder er verlegt eben flugs seinen Haushalt nach Asien.

Der hausgemachte Stress, das Sparen am Mitarbeiter und seinem Umfeld, die schizophrenen Organisationsstrukturen, die Mitarbeiter dazu zwingen, an mehrere, zum Teil rivalisierende Chefs zu berichten, die Hürden der Prozesse und die globale Flexibilität machen die vom Management postulierte »Jagd nach Leistung« für die Mitarbeiter zu einem Spießrutenlauf, der nicht zu gewinnen ist. Aber das wird manchem erst sehr spät klar.

Überleben durch Anpassung und Innenorientierung heißt die Abwehrstrategie der Mitarbeiter im großen Konzernspiel. Die Mitarbeiter lernen schnell. Am Anfang üben vielleicht manche noch offen Kritik. Sobald sie von den Berufseuphorikern als

»nicht teamfähig« gemaßregelt worden sind, werden sie sich hüten, ihre Deckung zu verlassen. Von nun an sind sie mundtot. Vielleicht deponieren sie ihre Sorge über falsche Entwicklungen im Unternehmen noch anonym bei Mitarbeiterbefragungen, vielleicht nörgeln sie noch in der Kantine herum gegenüber verlässlich Gleichgesinnten (»Aber sag es niemanden!«), doch in der Unternehmensöffentlichkeit halten sie sich zurück. »Wenn ich kurz vor meiner Pension bin, dann sage ich meine Meinung, dann schreibe ich dem CEO, welche katastrophalen Folgen seine Auslagerungspolitik nach sich zieht.« Aber meist tun sie es auch dann nicht. Nur Ruhe und weg. Bevor sie irgendwelche Aktivitäten beginnen, sichern sie sich mehrfach ab. Bei E-Mails sensiblen Inhalts überlegt man erst genau, welche Honoratioren in welcher Reihenfolge auf den Verteiler zu setzen sind, wer die Mail in Kopie bekommen soll, wer gegebenenfalls versteckt zu kopieren sei. Nur keinen konzernpolitischen Fauxpas begehen! Damit verbringt man weitaus mehr Zeit als mit der eigentlichen Formulierung der Botschaft.

Eine weitere Überlebensstrategie besagt, man solle sich auf die Innenpolitik verlegen. Kümmere dich um Vorgänge im Inneren des Konzerns. Für die Außenorientierung hast du erstens keine Zeit mehr, wenn du noch einen Rest von Lebensqualität retten willst, und zweitens keinen Vorteil davon für dein weiteres Fortkommen im Konzern. Die Politik ist in unsicheren Zeiten überlebenswichtig. Mitarbeiter messen alle ihre Aktivitäten daran, was sie für die persönliche Karriere bringen. »Personalpolitik« überschattet die Sachpolitik. Zu Recht wird man das tun, was für einen selbst am besten ist, nicht das, was für das Unternehmen am wichtigsten wäre. Wahre Strategen wenden einen großen Teil ihrer Arbeitszeit für die interne Politik auf. Sie analysieren das Unternehmen, durchforsten die Ränge nach Mitstreitern, setzen Treffen an, um ihre Vorschläge intern zu verkaufen. Die Konzernkultur ist eine Kultur der Strafe, nicht der positiven Motivation. Man ist stets exponiert und der Konzern ist hierarchiebewusst. Selbst bei der Wahl von Begleitern zum Mittagessen spielt das Hierarchiebewusstsein eine wichtige Rolle. Es gilt, zu überleben.

Die Grenzen zur Feigheit sind dabei fließend. Egal, in welche Branche man schaut. »Keiner unternimmt etwas gegen Ungerechtigkeiten, keiner wehrt sich, keiner solidarisiert sich mit jenen, die das System benachteiligt oder aussondert«, wundert sich eine Freundin, die bei einer Zeitung arbeitet. Kuschen allerorten. Vor den Systemaufsehern und Kostenkontrolleuren. Sie sind die Nutznießer des autoritären Systems Konzern. Als Teil des bürokratischen Establishments genießen sie hohes Ansehen und eine weitaus ausgewogenere Balance zwischen Arbeits- und Privatleben als die operativen Mitarbeiter, die sie stets mit erhobenem Zeigefinger zur braven Einhaltung der von ihnen definierten und überwachten Prozesse anhalten.

Nicht alle Mitarbeiter haben die Nerven und die Geduld für das ständige politische Abwägen, die permanente Suche nach Rückendeckung (»to be on the safe side«). »Ich passe nicht in diese Firma – sieben Stunden absichern und eine Stunde arbeiten«, erkannte ein früherer Kollege und verließ nach einer Intrige das Unternehmen, um sich selbstständig zu machen. Die meisten Mitarbeiter entziehen dem Arbeitgeber ihre Loyalität und Freundschaft. Sie hören auf, sich mit dem Unternehmen, das sie zu solchem Verhalten zwingt, zu identifizieren und sich für die Firma kaputt zu machen.

Schönreden statt Tacheles

Wesentlich ist die Fassade, für den Blick dahinter fehlen die Zeit und die Kompetenz. »Für den vorüberziehenden Voyeur, den Analysten, den Aktionär, den Investor, muss der Konzern schön ausschauen, dynamisch erscheinen«, merkte Richard Sennett in seinem Buch ›The Culture of New Capitalism‹ (dt. ›Die Kultur des neuen Kapitalismus‹, 2005) an. Wichtig ist, wie eine Aktivität von den Analysten und Medien wahrgenommen wird, nicht, ob sie für das Unternehmen, Kunden und Mitarbeiter wichtig und richtig ist. Die Konzernbosse schielen bei jeder Entscheidung nach draußen. Sie wissen, was die Marktanalysten hören wollen, und setzen in vorauseilendem Gehorsam auf vordergründige Dynamik, Jonglieren mit hohen Renditezahlen und Demonstration autoritärer Härte. Die Finanzchefs müssen die erwarteten Zahlen liefern. Sie geben mehrheitlich zu – in einer im ›Economist‹ zitierten Umfrage –, »eher auf eine wertschaffende Investition zu verzichten als ein vom Markt diktiertes Profitziel nicht zu erreichen«. Nicht für das Unternehmen, sondern für die Analysten vor der Quartalskonferenz wird die Strategie formuliert. In standardisierten Q & As (Questions and Answers) werden weltweit die Antworten auf zu erwartende Fragen der Analysten und Medien vorgegeben. Zunehmend machen die Entscheidungsträger dann einen Fehler, den der frühere Chef der Filmfirma United Artists, Erich Pleskow, kürzlich so beschrieb: »Man sollte nie anfangen, seiner eigenen Presse zu glauben.«

Im Konzerninneren wissen die Mitarbeiter, was die Bosse hören wollen. Die Konzernprofis wissen ganz genau, welche Vokabeln ihre Botschaften enthalten müssen, damit sie gut ankommen. Scheinheiligkeit ist bei der Verfolgung der quasi-religiösen Dogmen durchaus kein Nachteil. Euphorische Good-News-People und Schönredner machen Karriere. »Das macht mich fertig, immer dieser vorauseilende Gehorsam. Wenn du nach außen orientiert bist, dann macht dich das verdächtig«, sagte ein Kollege bei seinem freiwilligen Abschied vom Konzern. Niemand will der Überbringer der schlechten Nachrichten sein, die negativen Folgen des Lieblingsprojekts des Chefs aufzeigen. Egal, ob angebliche Einsparungszahlen oder die Kopfzahl der Beschäftigten oder Quartalsbudgets – alles wird so hingebogen, dass es die Fassade stützt. Der Selbstbetrug wird über alle Hierarchieebenen perpetuiert. Und das nicht nur in einem Konzern, sondern in den allermeisten. Bis eines Tages das dicke Verbal-Make-up die Risse in der Fassade nicht mehr verbergen und das finanziell ausgehöhlte Fundament die Mauern nicht mehr tragen kann. Mit den bekannten Folgen.

Die Menschlichen unter den Managern wanderten immer mehr in die zweite Reihe, die Aggressiven, die nach außen am lautesten schreien, die Stiefellecker der Konzernoberen kamen an die Spitze, beobachtete eine Managerin die Entwicklungen in einer großen europäischen Bank. Schein und Sein, Konzerndiktion und Konzernalltag klaffen immer weiter auseinander. Je heftiger ein Konzern gewisse Dinge wie CSR (Corporate Social Responsibility) propagiert, umso weiter scheint er davon entfernt, fasste ein kritischer Marktbeobachter die Diskrepanz zusammen. So wunderte sich auch der ›Economist‹ (4. Oktober 2008) unter der klassischen Überschrift ›Ad nauseam‹ über die Konzernslogans von Finanzdienstleistern: Von American International Group(AIG), einem zusammengebrochenen Versicherer (»the strength to be there«), über Lehman Brothers (»where vision gets built«) bis zu IndyMac, einer bankrotten Bank (»you can count on us«).

Der Sieg des Mittelmaßes

Auf den Karriereseiten der Zeitungen ist immer die Rede davon, dass die Konzerne Querdenker mit Eigeninitiative und individuellen Ideen suchen. Die Konzernrealität ist völlig anders. Es ist riskant für Mitarbeiter, mehr Ideen zu haben als die vorgesetzten Manager der nächsten von unzähligen Hierarchieebenen. Flach ist nämlich gar nichts im Konzern. Risikofreude klingt gut, ist aber absolut letal. Das Einhalten von Vorschriften, ob sie Sinn machen oder nicht, ist entscheidend. Bürokraten lähmen die verbleibenden Entrepreneure. Enge Befehls- und Kontrollnetze halten das autoritäre System Konzern zusammen.

Das Mittelmaß dominiert im Management, teilt die Budgets zu

und überprüft, ob Form und Zahlenvorgaben eingehalten wurden. Inhalte interessieren nicht, auch weil die verantwortlichen Erbsenzähler sie nicht beurteilen können. Nicht eine Kunst, sondern eine Wissenschaft soll beispielsweise das Marketing werden. Aktivitäten werden zu Tode normiert. Man sagt zwar, dass man etwas Außergewöhnliches, Aufregendes will, aber man entscheidet sich immer für das Konventionelle, Durchschnittliche. Ein Risiko will niemand eingehen, erzählte die Miteigentümerin einer Kreativagentur.

Wir wollen ein ganz normales, langweiliges Unternehmen werden, hatte der Konzern-CEO versprochen und in diesem Fall einmal Wort gehalten. »One Voice« ist das oberste Marketingkritierium im Konzern – weltweit alles gleichmachen, ob es für die einzelnen Märkte passt oder nicht. Belohnt werden die Mitarbeiter, die die vorgegebene »eine Stimme« am lautesten intonieren, Abweichler werden sanktioniert. Innovationen und Marketingmaßnahmen werden zu Tode evaluiert und rationalisiert, bevor sie eine Chance haben. Die Entmündigung nach unten ist konsequent. Sie erlaubt keinen individuellen Freiraum und keine großen Ideen.

»Alle wichtigen Erfindungen basieren auf neuen, fundamental anderen Fragestellungen. Das wirklich Neue, die großen Durchbrüche verlangen nach der unerwarteten Fantasie. Da ist mehr als die rationale Auflistung der Möglichkeiten, sondern das Pfiffige, an das niemand gedacht hat«, beschrieb der österreichische Wissenschaftler Anton Zeilinger, Quantenphysiker und Buchautor, das Entstehen veritabler Innovation. In einem Konzernklima, das auf Befehlsexekution und Gleichschaltung basiert, werden diese grundlegenden Innovationen folglich eher selten sein. »In einer durchnormierten Gesellschaft gibt es keine Entfaltungsmöglichkeiten für das ›Ich‹, da bleiben wenig Möglichkeiten für subjektiven Eigensinn, die soziale Klammer sorgt dafür, dass alle tun, was alle tun«, erklärte Konrad Paul Liessmann, österreichischer Philosoph und Universitätsprofessor, den Mangel an individuellem Denken. Es gibt kaum eine mehr durchnormierte Gesellschaft als den globalen Konzern. Vielleicht noch die katholische Kirche. Beide sind bei dem derzeitigen Management feindliche Umgebungen für Innovationen.

Ganz verschwunden ist sie jedoch nicht aus dem Konzern, die Kreativität. Sie hat sich verlagert, in die Welt der Zahlen. Die Fantasie der Zahlenschmiede ist enorm. So bedient man sich für seine Niederlassungen einer Vielzahl von verschiedenen Rechtsformen, um die Steuerlast zu minimieren. So werden trotz aller Beschwörung der Kostenwahrheit und -transparenz kreativ Kosten zwischen den einzelnen Geschäftsbereichen verschoben, Mitarbeiter in aufnahmefähige Kostenbereiche verlegt.

Neuerdings taucht Kritik auf an den Absolventen der Kaderschmieden. Sie seien Managerklone, nur dem Triumvirat von Kennzahlen, Kostensenken und Kurssteigerungen verbunden, und zeichneten sich durch einen Mangel an Risikofreude und Innovation aus (›manager magazin‹, 04/08, über MBA-Ausbildungen). Dabei produzieren die MBA-Lehrgänge doch nur, was am Konzernmarkt gewünscht wurde und wird.

Konzerndschungel statt Effizienz

Es ist alles so mühsam geworden im Konzern. Nichts geht mehr ohne Genehmigungsmarathons, ohne langwieriges Betteln um Budgets, ohne Zeit stehlende Abstimmungsprozesse mit anderen Geschäftsbereichen, ohne nicht enden wollende Telefonkonferenzen. Die Komplexität speist sich aus vielen munter sprudelnden Quellen. Komplexe Vorschriften, in einer eigenartigen, bevormundenden Bürokratensprache, und lange Instanzenwege prägen den Alltag und rauben den Mitarbeitern Energie, Zeit und Lust. Am schlimmsten ist es, wenn es um die Aufnahme eines neuen permanenten Mitarbeiters, also die Genehmigung eines »Headcount« geht.

Ein Manager stellt fest, dass seine Organisation in einem wichtigen Markt hoffnungslos unterrepräsentiert ist. Im Februar kontaktiert er einen geeigneten Kandidaten, der Interesse zeigt. Er stellt für die nächsten Wochen eine Headcount-Entscheidung seiner Chefs in Aussicht. Im April ist zwar noch keine Entscheidung da, aber der Manager bittet den potenziellen zukünftigen Mitarbeiter, für ein Treffen in die Zentrale zu reisen. Dabei bringt er erneut sein prinzipielles Interesse zum Ausdruck, spricht aber von neuen Imponderabilien. Er habe nach wie vor nicht die Genehmigung für einen »Headcount«, weil er in einem anderen Teil der Welt sein Team reduzierte und nun die Optik nicht gut wäre, umgehend die Zahl der Teammitglieder anderwärts wieder aufzustocken. Zudem habe er jetzt aufgrund der prekären Kostensituation die Kooperation mit einer anderen Abteilung gesucht, die Mittel beisteuern würde, aber natürlich auch ein Mitspracherecht bei der Entscheidung haben möchte ... Im Juli wird es dann vielleicht eine Entscheidung geben. Ob dann der Kandidat noch zur Verfügung stehen wird, ist fraglich. Sicher ist nur, dass ein wichtiger Markt über Jahre brachliegt. Es bewegt sich nichts vorwärts.

Für jede Aktivität ist ein zentraler Prozess definiert, der einzuhalten ist. Da sich nichts mehr bewegen würde, wenn alle Vorschriften penibel eingehalten werden, gibt es immer mehr Umgehungsszenarien, die sogenannten Work-Arounds, die die Komplexität weiter erhöhen. Die Vielzahl von Rechtsformen und die verschiedenen prekären und flüchtigen Arbeitsverhältnisse tragen nicht eben zur Transparenz bei. Sie erhöhen den Administrationsaufwand und machen den Dschungel noch undurchdringlicher.

Bei jeder der unzähligen Umstrukturierungen wird die Organisation komplexer. Die Korrektur der Korrektur führt dazu, dass nur mehr Konzernprofis, die ihren Konzernalltag uneingeschränkt den Interna widmen, den Durchblick haben, manchmal auch die nicht mehr. Mit jeder Übernahme eines anderen

Unternehmens steigt die Komplexität. Jedes neue Informationstechnologiesystem verspricht Vereinfachung und garantiert doch das Gegenteil – mehr Komplexität. Die Bosse wollen noch mehr Kennzahlen, das System ersetzt weder das Vorgängermodell zur Gänze – die armen User müssen die neuen Kennzahlen zusätzlich zu den alten bedienen –, noch ist es einfacher zu handhaben. Meist ist es auch noch restriktiver. Das sehen die Zentrale und das System nicht vor, sagte der Kundenbetreuer der Bank zum Wunsch des Kunden. IT-Komplexität hemmt Wachstum (»Complex IT will kill your business«), sagen selbst die IT-Produzenten – in einer Annonce von Dell.

Die immer tieferen Gräben zwischen den einzelnen Silos, sprich zunehmend eigenständigen Geschäftsbereichen, wo zudem intrigante Krokodile auf Passanten warten, die Brücken schlagen wollen, vereinfachen die Konzernstrukturen auch nicht. Mit der zunehmenden Eigenständigkeit der Unternehmensteile in der Geschäftsbereichsorganisation erfährt die Komplexität einen weiteren Höhepunkt. Die Orientierung im Konzerndschungel braucht viel Zeit. Die Befriedigung der Systeme und das Überwinden der zahlreichen Gräben auch. Zeit, die für wichtige, nach außen orientierte Aufgaben fehlt. Die Konzernbosse, die dieses aufwendige interne Hamsterrad und nach außen leistungsfeindliche Umfeld mit ihren Prioritäten und Vorschriften verursacht haben, rufen scheinheilig zur »Jagd nach Leistung« auf.

Intern erbringen die Mitarbeiter Höchstleistungen. Nach außen dringt wenig Relevantes durch. Bis zu zwei Stunden täglich beschäftigen sich europäische Manager laut einer Studie, die 2007 im Auftrag eines Headset-Herstellers durchgeführt wurde, nach eigenen Angaben mit der E-Mail-Kommunikation. Ein knappes Drittel aller gelesenen und gesendeten E-Mails wird von den Befragten als irrelevant eingestuft und für reine Zeitfresser gehalten. Auch andere Studien kommen zum Ergebnis, dass die Produktivität im Büro beträchtliche Verbesserungspotenziale hat. Im Büro triumphiert die Ineffizienz, schrieb das ›manager magazin‹, als es die Ergebnisse einer Untersuchung des Stuttgarter Fraunhofer Instituts für Produktionstechnik und Automatisierung (IPA) mit dem Bad Homburger Kaizen Institut präsentierte (8/2006): Fehler sind programmiert, Nacharbeiten ist die Regel. Demnach wird in den Verwaltungen deutscher Firmen rund ein Drittel der Arbeitszeit verschwendet – durch unnötige Korrekturen und Rückfragen, doppelte Bearbeitungen, weil etwa Zuständigkeiten nicht geklärt sind, Warten auf dringende Rückrufe oder Berichte, unpünktlicher Beginn oder zeitliches Ausufern von Besprechungen ... Die digitalen Systeme sind oft nicht richtig eingebunden in die Abläufe. Die Ineffizienz dominiert.

Die Folgen der Konzern-Paranoia für Wirtschaft und Gesellschaft

Im Gleichschritt in die Krise

Die Konzernbosse beschritten den Weg in die Sackgasse seit Jahren konsequent. Die Karotte der persönlichen Einkommensmaximierung durch Abbau war unwiderstehlich. Wenn so gut wie alle Konzernchefs das Gleiche tun, Kosten und Investitionen herunterfahren und Mitarbeiter »freisetzen« und wenn die 500 größten Konzerne 52 Prozent des Weltbruttosozialprodukts beherrschen, wie Jean Ziegler errechnet hat, dann können schmerzliche Konsequenzen für Wirtschaft und Gesellschaft nicht ausbleiben. Wenn zudem die Finanzwelt, die Avantgarde der Gier, der Realwirtschaft ihre Regeln aufzwingt und sie zu ihrem Spielball macht, und wenn dann noch die Politik die von jeder Rücksichtnahme freien, kurzsichtigen Marktkräfte als Naturereignis sieht und nicht korrigierend eingreift, dann ist das Fundament für eine Krise gelegt. Was als Mode begann, die Nachfrage nachhaltig erodierte und der Finanzkrise zum schnellen Durchbruch in der Realwirtschaft verhalf, wurde in der Krise für viele Konzerne zur Notwendigkeit. Die Manager führen im Kollektiv verstärkt fort, was sie am besten können – abbauen, streichen und kürzen – und heizen damit die Abwärtsspirale weiter an.

Für das Prinzip »Leben-und-leben-lassen«, den beidseitigen Vorteil, der eine in der Geschichte der Menschheit einmalige

50-jährige Prosperität Europas in der zweiten Hälfte des 20. Jahrhunderts begründete, hatten die meisten Konzernchefs keinen Sinn mehr. Zum persönlichen Vorteil wollten sie kurzfristig das Maximale herausholen, aus dem System, den Mitarbeitern, den Kunden, den Geschäftspartnern, Politikern, Ländern und Regionen. Es ist ihnen gelungen. Auf Kosten der Zukunft, die in der Zwischenzeit begonnen hat. Schmerzlich fehlen nunmehr die Erträge der Investitionen, die für das schöne Quartalsergebnis geopfert wurden. Schmerzlich fehlen die Innovationen, die in dem Biotop der Kurzfristrendite und Gleichschaltung nicht gedeihen konnten. Schmerzlich fehlen Kaufkraft und Nachfrage der einst gut verdienenden, nun abgebauten Konzernmitarbeiter. Angebot und Nachfrage sind nachhaltig ramponiert.

Die »Rendite ist steil und Geiz ist geil«-Euphorie hatte weite Teile der Bevölkerung erfasst. Sie brachte noch hoch dotierte Universitätsprofessoren im Ruhestand dazu, das Internet nach den billigsten Anbietern, egal, wo sie angesiedelt sind, abzusuchen. Dabei wurde nur übersehen, dass »Geiz ist geil« auch die Devise der Konzerne bei ihrer Personalpolitik war, dass sie keine zusätzlichen oder wenn, dann billige, anspruchslose Arbeitskräfte anstellen. Und so fristen Enkel, Töchter und Söhne von Projekt zu Projekt, von Praktikum zu Praktikum ihr Leben.

Warner, die die unvermeidlichen Folgen des brutalen Raubbaus aufzeigten, gab es einige. Aber es war nicht ihre Zeit. Es schien, als ob sich Europas Bürger eine neue Pflicht zu Optimismus und Wellness auferlegt hätten. Klarsichtige Kritiker wurden als Spielverderber gemaßregelt. Der Zwang zur kollektiven Euphorie setzte die Warnmechanismen konzernintern und extern außer Kraft.

Von einem Brain-Wash-Prozess und gezielten Aktionen sprach Anfang Juni 2009 der Doyen der österreichischen Ökonomen, Kurt Rothschild, der 15 Jahre nach Friedrich August von Hayek, dem Bannerträger der Neoliberalen, ersten Präsidenten der einflussreichen Mont Pelerin Society und Vater der Chicago Boys, in Wien geboren wurde. Institutionen wie Universitäten und die OECD seien chemisch gereinigt, alle, die nicht mit der neoliberalen Überzeugung übereinstimmen, hinausgeschmissen worden. Wer Karriere machen wollte, war gezwungen, in den Mainstream hinein zu gehen.

Der Kahlschlag in der Unternehmenslandschaft

Sie fehlen allerorten als Arbeitgeber, als Innovatoren, als Konkurrenten, als Lieferanten, als Kunden, als Steuerzahler – die vielen einst gesunden Unternehmen, die in den letzten Jahren ausgelöscht oder krank saniert wurden. Die Schneise der Verwüstung ist so groß, dass es lohnt, einen kurzen Blick zurück zu den Anfängen zu machen und die Frage zu stellen, die zu selten gefragt wird: Cui bono, wer hat eigentlich von dem Kahlschlag profitiert?

Es begann wie ein riesiges Spiel, bei dem niemand nach dem Ausgang fragte. ›Business Week‹ (1. November 1999) schrieb sogar von einem Krieg, vom »Krieg um die europäischen Märkte«. Die amerikanischen Investmentbanken waren 1999 angetreten, die Wirtschaft des alten Kontinents nach amerikanischem Ebenbild zu »reengineeren«, die Konzernlandschaft und den Kapitalmarkt grundlegend zu verändern und damit viel Geld zu verdienen. Es war eine historische Gelegenheit (»Europe is a once-in-a-lifetime opportunity«) – der Euro war eingeführt worden, das Spielfeld damit eingeebnet, und der Wille der Politiker und Wirtschaftskapitäne, rein renditeorientierte ausländische Invasoren abzuwehren, schwand angesichts intensiver angelsächsischer Marktrhetorik. Die Banker traten eine Welle von Fusionen und Übernahmen los, ein »Makeover, das sich noch Jahrzehnte auf Konzerne und Aktionäre auswirken würde«. Damit hatten sie recht. Wahrscheinlich hatten sie bei der Ausarbeitung des Plans den gleichen Spaß wie später beim Einpacken der faulen

Kredite in die schicken Finanzproduktpakete, die sie dann an den Rest der Welt verteilten.

Ein besonderes Gustostückerl war das Knacken der »Germany Incorporated«. Für das Jahr 2000 war der volle Eintritt Deutschlands in das große Spiel vorgesehen. Goldman Sachs kümmerte sich um den deutschen Markt, indem sie Amerikaner zum Knacken der Nuss (»crack Americans«) schickten, die wiederum deutschsprachige Mitarbeiter von McKinsey trainierten. Die Strategie machte sich bald bezahlt – mit so prominenten Geschäften wie der Daimler Benz-Akquisition von Chrysler und dem Kauf des Bankers Trust durch die Deutsche Bank.

Beim »Darwinschen Kampf« um die Vorherrschaft im europäischen Investmentbanking hatten die Europäer das Nachsehen. Morgan Stanley und Goldman, Sachs & Co. waren die Gewinner (mit einem gemeinsamen Marktanteil von mehr als der Hälfte) und Merrill Lynch & Co. ein starker Mitbewerber im lukrativen M&A-Markt, stellte ›Business Week‹ befriedigt fest. So war Europa zielstrebig erobert und das Wirtschaftssystem grundlegend ummodelliert worden, ohne dass es die Europäer und die meisten ihrer Regierungsvertreter mitbekommen hatten.

Europa und seine Politiker hatten sich als überaus gelehrige Konsolidierungsschüler der amerikanischen Wegbereiter gezeigt. Schon 1999 hatte laut ›Business Week‹ (24. Januar 2000) der Wert von Fusionen in Europa das gewaltige Ausmaß von 1,5 Billionen Dollar erreicht, fast das Doppelte der 988 Milliarden für 1998, und sich dem Rekord von 1,9 Billionen Dollar in den USA genähert. Ausgerechnet dem damaligen sozialdemokratischen deutschen Bundeskanzler Schröder wurde die zweifelhafte Ehre zuteil, »trotz seiner sozialistischen Rhetorik« zum »Champion of Restructuring« erklärt zu werden. Er hatte durch die von ihm geplante Abschaffung der Kapitalertragssteuer von 50 Prozent, die Banken und Versicherungen zahlen mussten, wenn sie ihre Anteile verkauften, diese Welle in Schwung gebracht (»Auf

Wiedersehen, Germany Inc., Business Week, 21. Februar 2000). Der Dammbruch für den Fusionswahnsinn war die Übernahme des deutschen Flaggschiffes Mannesmann durch die britische Vodafone.

Wirtschaftsprosa der Zeit aus ›Business Week‹ (21. Februar 2000): »Am Ende verschied Mannesmann still. Keine große Bank nutzte ihren finanziellen Einfluss, um die feindliche Übernahme durch die Vodafone AirTouch PLC zurückzuschlagen. Kein Politiker, kein Gewerkschaftsboss intervenierte. Germany Inc., das schützende Netz an gegenseitigen Firmenbeteiligungen und Regierungsregulationen, die das Land lange vor der grausamen Welle der Globalisierung geschützt hatten, ist tot. Der Vodafone Chef Chris Gent legte nur Blumen auf sein Grab, indem er Mannesmann übernahm. Jetzt tanzen führende Manager und Investmentbanker darauf. Mannesmanns Hinscheiden wird ein nie dagewesenes Fusions- und Übernahmegelage auslösen, sagen sie. Jedes deutsche Unternehmen mit einer unterbewerteten Marktkapitalisation oder Kapitalrendite – und es gibt Dutzende von ihnen – ist jetzt plötzlich verwundbar.«

Lobbyisten hatten verbreitet, dass »Europa nicht groß genug« sei für zwei Mobiltelefon-Powerhouses. Vodafone inhalierte D2, den Mobilfunkbetreiberteil, und verscherbelte die anderen Teile des 130 000-Mitarbeiter-Konzerns. Bis heute kommt ein früherer Mitarbeiter, der die nachfolgende Odyssee des Mannesmann-Anlagenbaus mitmachte, ins Schwärmen, wenn er von der alten Mannesmann spricht, die noch Kompetenz hatte und ganz auf die Kunden ausgerichtet war.

In den letzten Jahren schien die Geschäftswelt nur aus potenziellen Raubtieren und potenzieller Beute zu bestehen. Zusätzlich zu den Konzernen, die ihre Konkurrenten vom Markt weg kauften, waren Private Equity-Firmen und Hedgefonds auf Einkaufstour, die schnell das Familiensilber zu Kasse machen und dann die Reste des Unternehmens, »saniert«, wie sie zu sagen pflegten, wieder verscherbeln wollten. Unternehmen wurden zu Finanzinstrumenten. In Erwin Wagenhofers Dokumentarfilm ›Let's make money‹ stellte der kritische deutsche Managing Director eines Private Equity-Fonds, Anton Schneider, trocken fest, dass die Öffentlichkeit nichts davon hat, wenn ein Unternehmen durch einen PE-Fonds übernommen wird. Die Schulden der Übernahme würden hineinfusioniert, dem Unternehmen bliebe künftig wenig Spielraum, sich auf seine eigentlichen Aufgaben zu konzentrieren, Produkte zu entwickeln oder Jobs zu schaffen, weil es vollauf damit beschäftigt ist, den Schuldenberg abzubauen und Renditeerwartungen zu erfüllen. Solange es vor der Übernahme ausreichend investiert hat und die Wirtschaft gut läuft, wird das einige Zeit funktionieren, meinte er. Wo die Geschäfte der Gegenwart noch durchgedrückt werden, schrieb das ›manager magazin‹ (Grenzen der Gier – Private Equity – Das Geschäft der Firmenjäger läuft heiß; August 2006), fehlt dann mitunter das Kapital für die Aufträge der Zukunft. Der Kreislauf aus hohen Schulden, zu geringen Investitionen und einer schleichenden Schwächung des Unternehmens sei typisch vor allem für Firmen, die zum zweiten oder dritten Mal übernommen werden. Branchenexperten schätzen, dass inzwischen ein Drittel aller Firmenaufkäufe auf solche Secondary oder Tertiary Buy-outs entfällt. Viele Fonds sind bereits unter 20 Prozent Eigenkapitalrendite gerutscht. Doch warum hält der Übernahmerausch in vielen Branchen weiter an?, stellte das ›manager magazin‹ dann die entscheidende Frage. »Ein Grund dafür liegt in der Freigebigkeit der Banken. Die Kreditinstitute sind bei Finanzinvestoren deutlich weniger vorsichtig als beim typischen deutschen Mittelständler. Solche Angebote verleiten zu Finanzierungen, die die übernommenen Firmen erdrücken können. Die Banker gieren nach den hohen Gebühren. 2 bis 2,5 Prozent kassieren sie bei Private Equity-Finanzierungen, deutlich mehr als bei anderen Kreditgeschäften – und einen Teil des Risikos reichen sie gleich weiter, indem sie einige Kredite an andere Institute verkaufen. Das bedeutet aber auch, dass die Banken so etwas wie die Sollbruchstelle des Systems darstellen.« Leider zeitigte die frühe Warnung keine Reaktion bei den Protagonisten und blieb bei Finanzmarktaufsicht und Konsorten ungehört.

15,9 Billionen Dollar (15.900 Milliarden) an angekündigten M&A-Deals verzeichnete der Chronist Thomson (seit 2008 Thomson Reuters) für die Jahre 2004 bis 2008. Im Rekordjahr 2007 waren es allein in Europa 1,8 Billionen Dollar. Die Zahl der wegfallenden Arbeitsplätze zu addieren, fand niemand der Mühe wert. Die EU erwartet, so lange der Wettbewerb nicht beeinträchtigt wird, von den Fusionen Kostenvorteile für die Konsumenten, auf die diese aber bis heute vergeblich warten. 2008 sank der Wert der Geschäfte im Zuge der Krise in Amerika um 15 Prozent und in Europa um 30 Prozent (Economist, 4. Oktober 2008), aber die Konzentration setzt sich weiter fort.

Der ungeheure Drang der Banken zu den lukrativen M&A (Mergers & Acquisitions)-Gebühren führt in der Krise zu Rekordverlusten. So wollte sich auch die Royal Bank of Scotland ein großes Stück vom deutschen Merger-Kuchen einverleiben und schreibt 2009 mit einem Verlust von 27 Milliarden Euro negative Wirtschaftsgeschichte (der größte Verlust, den je ein britisches Unternehmen gemacht hat). Die RBS ist Hauptgläubiger bei namhaften Problemfällen, schreibt das ›manager magazin‹ (2/2009). Sie ist unter anderem beim Überbrückungskredit für die Übernahme von Conti durch Schaeffler mit rund zwei Milliarden Euro dabei, einer wahnwitzigen Aktion, die nur im Kielwasser der blinden Übernahme-Euphorie erklärbar ist. Zudem hatte die RBS die höchsten Beiträge in Deutschland in das Imperium der Unternehmerfamilie Merckle gesteckt (Kreditvolumen rund 22 Milliarden Euro).

Die Krise und die vielen negativen Erfahrungen der letzten Jahre hindern Konzerne aber nicht daran, ihr (Un-)Heil weiter in Fusionen zu suchen. Für 68 Milliarden Dollar will der weltgrößte US-Arzneimittelhersteller Pfizer in einer der bislang größten Übernahmen in der Pharmabranche seinen Rivalen Wyeth schlucken, heißt es auf ›Zeit online‹ am 9. März 2009 unter der Überschrift »Pharmabranche leidet an Fusionitis«. Ein Bankenkonsortium hat eine Finanzierungslinie von 22,5 Milliarden Dollar gewährt – und übernimmt damit etwa ein Drittel des Kaufpreises. Im Zuge der Übernahme sollen rund zehn Prozent der 130 000 Mitarbeiterstellen wegfallen. Außerdem erhofft sich der Branchenführer jährliche Einsparungen von vier Milliarden Dollar, schrieb die ›New York Times‹. Branchengigant Merck & Co. machte ein Angebot für den Konkurrenten Schering-Plough. »Weil die Pharmabranche jahrelang mehr mit sich selbst als mit der Erforschung neuer Pillen beschäftigt war, geht ihr nun der Nachschub aus. In ihrer Not rücken die Riesen enger und enger zusammen«, schreibt ›Die Zeit‹.

Die Politik und die Wettbewerbshüter segnen diese Akte der Zerstörung ab. Schon vor Jahren hatte das ›manager magazin‹ (3/2006) die flotte Genehmigung seitens der EU von Mega-Fusionen kritisiert: »Die Mega-Deals – es geht um einen Gesamtumsatz von mehr als fünf Milliarden Euro auf dem Weltmarkt – landen in der Regel in Brüssel. Dort gehen sie mitunter recht großzügig durch.«

Offenbar werden die negativen, unumkehrbaren Folgen der Mega-Fusionen und Akquisitionen weit unterschätzt. Kurzfristig bieten Übernahmen dem Management eine gewaltige Arena zum Ausleben von Streichungs- und Kürzungsorgien. Längerfristig die Möglichkeit, die Wünsche von Kunden, Geschäftpartnern und Mitarbeitern ungestraft zu ignorieren. Ich zucke stets innerlich zusammen, wenn die Medien wieder von einer Mega-Fusion und den möglichen Synergien berichten. Ich führe mir vor Augen, wie viele menschliche und materielle Ressourcen da wieder weggeworfen werden, wie groß die Unsicherheit für die Mitarbeiter ist, für die Lieferanten und die Kunden. Ich überlege mir, wie nun das Unternehmen über viele Quartale hinweg nur auf sich selbst fokussiert sein wird, wie groß das Misstrauen der zusammengewürfelten Belegschaftsteile sein wird, wie sichtbar die Narben noch nach Jahren sein werden. Aber wenn das übernommene Unternehmen erst einmal »integriert«, also weitgehend vernichtet ist, dann gibt es kein Zurück. Was auch immer der Öffentlichkeit als hehres Ziel für die neue Verbindung erzählt wurde, um wie viel besser die Kunden nun auch immer bedient werden sollen, in Wirklichkeit ist nur eines wichtig, nämlich die Mitgift der Braut, ihr Marktanteil.

Aus eigener Erfahrung sind mir die Unsicherheiten, die Erschütterungen, Frustzyklen, Job-Ablenkungen, die willkürlichen Entscheidungen, die Begleitschäden der unvermeidlichen »Quick & Dirty«-Vorgehensweisen wohlbekannt. Ich habe gesehen, was ein solcher Eingriff für ein Unternehmen und die Mitarbeiter bedeutet und wie die eigentlichen Ziele nicht erreicht wurden. Wer die in meinem Merger-Tagebuch festgehaltenen Erfahrungen mit mehreren Hunderttausend hochrechnet, bekommt einen ungefähren Eindruck von der Unruhe und Zerstörung in der ganzen Unternehmenslandschaft.

Bei »meiner« ersten Übernahme, fälschlicherweise als »Fusion unter Gleichen« bezeichnet, glaubte man noch an einen tieferen Sinn, war überzeugt, dass der Konzern, der uns übernommen hat, besser und effizienter sei als wir, näher am Kunden. Als Teil der übernommenen Belegschaft fühlten wir uns den neuen Kollegen beim Übernehmer unterlegen und fragten uns, was wir nur falsch gemacht haben. Kurz darauf fragten wir uns nur noch, wie viel man in so kurzer Zeit kaputt machen kann.

Im Zuge der Fusion mit einem Großkonzern sollte unser damaliger gut organisierter, effizienter, kundenorientierter, profitabler Konzern mittlerer Größe über seine feine Marktnische hinaus Zugang zu einem größeren Absatzmarkt bekommen. Die Integration glich einer Auslöschung. Nur wenige Mitarbeiter wurden übernommen, erfahrene Verkäufer und Techniker wurden achtlos ausgespien, unsere Marktnische wurde noch viel kleiner, in die Produktentwicklung wurde kaum noch investiert, das Vertriebsteam des Übernehmers hatte weder das Verständnis für noch den Fokus auf die übernommenen innovativen Produkte.

Eineinhalb Jahre später schwappte eine neuerliche Akquisition wie eine Riesenwelle über unsere Organisation hinweg. Dieses Mal war ich als eine der wenigen Überlebenden des ersten Massakers auf der Übernehmerseite. Das neue Beuteopfer war in unser Fadenkreuz geraten, weil es über eine besondere Kompetenz verfügte, die sich der Jäger einverleiben wollte, um sie nicht selbst entwickeln zu müssen. Unmittelbar nach der Übernahme verließen aber jene kompetenten Mitarbeiter das erbeutete Unternehmen, wegen deren Kompetenz man die Firma eigentlich gekauft hat. Unser neues/altes Management, das sich zum Großteil aus der Übernehmerfirma speiste, hatte weder die Erfahrung noch die Geisteshaltung, um die fragmentarische Zusatz-Kompetenz erfolgreich weiterzuentwickeln und zu nutzen. Durch den Kauf wuchs die Konkurrenz, während unser eigenes Unternehmen Rückgänge in diesem Segment verzeichnete. Auch wenn die wichtigsten Köpfe der gekauften Firma gegangen waren, wurde doch ein größerer Teil der alten Mannschaft behalten. So wurde zwar nicht unsere Kompetenz vergrößert, dafür aber die Unternehmenspolitik maßgeblich intensiviert. Die Mitarbeiter der übernommenen Firma waren berühmt als intrigante Taktierer und brachten dieses Know-how ins neue Unternehmen ein. Noch Jahre später gruppierten sich die ehemaligen Kollegen bei einem Verkaufstreffen entsprechend ihrer früheren Unternehmenszugehörigkeit und schwärmten von den alten Zeiten in »ihrem« Unternehmen.

»Der Markt ist reif für Konsolidierung«, sprach der CEO der Firma, die uns soeben übernommen hatte, in die Mikrofone, »und wir wollen die Ersten sein.« Ein neues Power House sollte entstehen. »Ist das ein Witz?«, fragt mich ein Verkäufer hoffnungsvoll, als ich ihm die Nachricht mitteile. Nein, es war keiner. Keinerlei Information war uns Mitarbeitern zugegangen, kein Gerücht war nach außen gedrungen. Es folgte die gemeinsame Pressekonferenz der beiden CEOs. Peinlich, wie unser – nunmehr früherer – CEO vor dem neuen katzbuckelte. Kunden und

Zulieferer fragten uns: »Was wird passieren? Wird euer Unternehmen verschwinden?« Und damit für den Zulieferer ein Auftraggeber. Wir wussten keine Antwort. Den Investoren gefiel vor allem die Kosteneffizienz, denn die Belegschaft sollte um über 10 000 Köpfe reduziert werden. Die zusammengelegten Ersparnisse würden noch größer werden, hatte die Übernehmerfirma bei Presse-Interviews vielversprechend angekündigt. Die Zahl der Freisetzungen würde noch weiter ansteigen. Einzelne Analysten verwiesen auf die Risiken einer »intensivierten Konkurrenzaktivität, um die Unsicherheiten während der Integration zu nutzen, und die Flucht der Kunden (und guter Mitarbeiter) während des Integrationsprozesses«. Andere warnten: »Verwirrte Kunden und vom Fusionsprozess abgelenkte Verkäufer sind nicht die Dinge, die man auch in den besten Zeiten in so einer wettbewerbsintensiven Industrie braucht.« Aber durch die Übernahme ist ja gerade der Wettbewerb viel weniger intensiv geworden. Unser Noch-Chef mahnt: »Fokussiert auf die Geschäftsprioritäten, auf die Exekution bestehender Projekte, beginnt keine neuen. Konzentriert Euch auf das, was Ihr tun könnt. Vermeidet den internen Fokus, kümmert Euch nicht um die Politik, die Hierarchie.« Das ist leicht gesagt, wenn man hört, dass nebenan Selektionslisten erstellt werden. Von einem Controller erfuhren wir, dass er aufgefordert worden war, eine Liste mit den 25 Prozent der Mitarbeiter, die er für unabkömmlich hält, zu erstellen.

»Wann werden wir wissen, wer ›restrukturiert‹ wird und wer auch noch künftig einen Job haben wird?«, fragte ein Kollege bei der Mitarbeiterveranstaltung. Sein Chef antwortete, er könne selbst nur Vermutungen anstellen, weil er auch noch nicht wisse, ob er seinen Job behalten werde oder zukünftig als Fensterputzer arbeiten müsse. Es gab viele Fragen, aber nur wenige gute Antworten. Trotzdem sollten wir noch einige Millionen zusätzlich umsetzen, um unsere Wachstumsziele für dieses Quartal zu erreichen. Aber wer soll sich da noch aufs Geschäft konzentrieren?

Es war ein eigenartiges Gefühl, kurz bevor die Hauptversammlung über die Fusion entschied. Wir waren heimatlos, betäubt, zwischen allen Stühlen, Manövriermasse, gefangen von hoch bezahlten Fusionsschmieden, denen wir nichts entgegensetzen konnten. Wir fühlten uns machtlos, konnten den Lauf der Dinge nicht beeinflussen, wussten nicht, was in den nächsten Stunden, Tagen, Monaten passieren würde. Wir konnten noch nicht abschätzen, wie diese zufällig wirkende Entscheidung von oben unser Arbeits- und Privatleben beeinflussen würde. Wir waren verbittert über die arrogante und brutale Entscheidung unserer früheren Geschäftsführung, die ihre eigenen Schäfchen ins Trockene gebracht hatte. Wir spürten Resignation. Es kursierten Gerüchte beim Mittagessen, die Jungs der nächsthöheren Hierarchieebene schienen mehr zu wissen und waren begierig, ihr Wissen loszuwerden – Frankreich sollte an den bisherigen Chef unseres alten Unternehmens gehen, Großbritannien an einen Manager der Übernehmerfirma, die Produktgruppe A sollte dieser bekommen, Gruppe B jener, usw. usw.

Dann kam das Managementmeeting. Unser direkter Chef fragte uns, wie wir uns heute fühlten. Ein Teamkollege sagte »nervös«. »Aufgeregt, enthusiastisch sind die konzernpolitisch korrekten Worte«, mahnte ich ihn. Aber er blieb deprimiert. Später sagte er: »Wann wird das Schlamassel, der Integrationsscheiß, beginnen? Jetzt, wo wir endlich ein gutes Team beieinanderhatten, das erfolgreich hätte zusammenarbeiten können.« Seine Nervosität war berechtigt, denn er sollte seinen Job im fusionierten Unternehmen nicht behalten. Auch wenn er erfahrener und engagierter war als sein neuer Chef, der dann das Rennen machte. Er konnte mit den Kunden besser umgehen als der Neue, der die Kunden eher mied, wie wir später feststellten. Aber der Neue war eben besser vernetzt und hatte die richtigen Freunde im »neuen« Unternehmen. Ein anderer Kollege wurde zum Opfer der politischen Symmetrie und sollte an jemanden berichten, der ihm deutlich unterlegen war, ihn aber seinen höheren Rang spüren lassen würde. Beide blieben im Unternehmen, zumindest für einige Zeit, denn der Arbeitsmarkt ist nicht vielversprechend. Die zukünftigen Verkäufer wurden nach ihren bisherigen Umsätzen ausgewählt, auch wenn das Unternehmen damit gute Leute verlieren würde. (»Das passiert den Besten«, sagt ein Kollege, der mit der Teamintegration betraut war.) Die Geschwindigkeit war entscheidend. Fehler wurden hingenommen, auch mit dem Hinweis, dass es bei der letzten Fusion Monate gedauert und trotzdem nicht funktioniert habe. Was für ein schöner Trost!

Würde unser derzeitiger Bürostandort im neuen Konzern aufgelöst werden? Wir wussten es noch nicht. Der regionale Chef und die Leiterin der Personalabteilung ließen jedoch ziemlich unverblümt durchklingen, dass eine bevorstehende Entscheidung der Mitarbeiter darauf einen großen Einfluss ausüben würde. Es stand nämlich die Gründung eines Betriebsrats an. Unter der Belegschaft war offensichtlich ein »schwarzes Schaf«, das als Gewerkschaftsmitglied eine solche Gründung angeregt hatte. Falls sich die Mitarbeiter für die Gründung des Betriebsrats entschieden, würde das die Chancen für den Standort beträchtlich reduzieren. Der regionale Manager zeichnete ein düsteres Bild, wie sehr dieses altmodische Instrument das Geschäft verlangsamen und zu einem verminderten geschäftlichen Erfolg führen würde. »Ihr müsst Flexibilität gegenüber mehr Sicherheit wählen«, sagte er in der Mitarbeiterversammlung. »Ich hasse Gewerkschaften«, meldete sich pflichtgemäß ein Kollege zu Wort. Die Personalchefin sagte, dass sie ein ausgewogenes Bild geben wolle, aber Länder, die mehrheitlich Unternehmen mit Betriebsräten haben, seien generell ökonomisch weniger erfolgreich als andere Länder. Diese deutlichen Hinweise des Managements blieben nicht ohne Folgen. Die Belegschaft sprach sich in einer geheimen Abstimmung mehrheitlich gegen die Gründung einer Personalvertretung aus und entschied sich für mehr Flexibilität. Nicht wenige konnten die »Früchte« ihrer Entscheidung auch baldigst ernten: Sie wurden im Zuge der Integration ungebremst von jeglicher Arbeitnehmervertretung mit schlechten Konditionen gefeuert.

Ich hatte dieses Mal noch Glück. Mein Chef, der meine Arbeit schätzte, wurde in seiner Position bestätigt. Damit hatte ich schon bessere Karten. Und dann entschied auch noch der fachliche Chef der nächsten Ebene für mich. Somit fand ich nach Monaten der Unsicherheit in einer Präsentation eher zufällig meinen Namen das erste Mal auf dem Organigramm des neuen verschmolzenen Unternehmens. »Für diese eine Folie«, sagte mein indirekter Chef, »haben wir im Managementmeeting fast drei Stunden gebraucht, um sicherzustellen, dass alle Geschäftsbereiche mit den dargestellten Rollen und Verantwortlichkeiten zufrieden sind.« Die Kollegen vom Versand seufzten beim Mittagessen in der Kantine. So ruhig war es noch nie und dabei war noch nicht einmal Sommer. Diesen aufwendigen gegenseitigen Autorisierungsprozess der Vertriebspartner hatten wir bei unserer letzten Fusion nicht. Im Konferenzruf zur Marke erklärten uns affektierte Marken-Gurus die neue Identität. Name und Logo käme vom Übernehmer. Vom übernommenen Unternehmen sollte die Dynamik kommen, von der akquirierenden Firma das Humane. Am Ende waren beide, die Dynamik und das Humane verloren. Die kombinierten Umsätze gingen zurück. Doch das wusste man mit geschickter Arithmetik und Rhetorik zu kaschieren. Nachgefragt hat niemand.

So könnte man noch unzählige Nekrologe auf funktionsfähige, effiziente Firmen schreiben, die ohne viel Aufhebens terminiert wurden. Auch wenn sie hoch profitabel waren und bei den Kunden beliebt. Auch wenn kurz vor dem Kauf noch Investitionen in Millionenhöhe getätigt wurden. Da wird dann eben die neue Maschine, die eben für Hunderttausende Euro erworben wurde, zum Schrottpreis abgestoßen und die aufwendig eingeschulten Mitarbeiter auf den Spot-Arbeitsmarkt geworfen.

Kollateralschäden der Konsolidierung, sprich Konzentration

Die Gefahren der Konzentration sind vielfältig, sie betreffen nicht nur die Ausschaltung des Wettbewerbs und der Angebotsvielfalt. Der ›Economist‹ (4. Oktober 2008) zeigt die Gefahren der immensen Konzentration am Beispiel von Banken auf: »Die rapide Konsolidierung des Sektors bringt andere Gefahren mit sich. Eine Welt von weniger, größeren Banken verspricht sogar einen noch verheerenderen Schaden, wenn je eine kollabiert. … In der Zwischenzeit haben die Banken nicht viel andere Wahl, als ein stählernes Äußeres zu zeigen und so weiterzumachen, als ob alles in Ordnung wäre.« Darin haben sie ja Übung.

Auf eine weitere Folge der Konzentration, ein gefährliches Ungleichgewicht, das noch dazu elegant beiträgt, die anderen Asymmetrien zuzudecken, wies das ›manager magazin‹ hin. »Es ist noch gar nicht lange her, da galt die Presse als vierte Gewalt im Staat, da stand der Wirtschaft ein gleich starker Block gegenüber. Diese Zeiten sind offenbar vorbei. Heute hat sich die Machtbalance zugunsten der Unternehmen verschoben. Geld regiert die Welt. Gott sei Dank gibt es noch Journalisten, die sich nicht einschüchtern lassen – auch von ihren Verlegern nicht –, gibt es noch Kollegen, die auf der Suche nach der Wahrheit intensiv recherchieren. Doch die Schar der Aufrechten wird immer kleiner«, schrieb Chefredakteur Arno Balzer in seinem Editorial (6/2007). Damit wird der Blick hinter die Fassade immer noch seltener. »Flächendeckend versuchen PR-Strategen, Spezialagenturen und persönliche Berater, die Redaktionen in ihrem Sinne zu beeinflussen. Medienberater sorgen für Desinformationen. Unternehmenschefs lassen bei unbotmäßigem Verhalten schon mal mit Anzeigenstopp drohen … So gelingt es der Wirtschaft immer häufiger, positive Geschichten zu ermauscheln und kritische Analysen zu unterdrücken … Besonders Regional- und Lokalzeitungen, die von ortsansässigen Inserenten wie Aldi,

Lidl oder Media-Markt abhängig sind, sind von dieser Praxis betroffen. ›Bei den großen Anzeigenkunden verbieten sich heikle Geschichten von allein‹, wurde Ernst Hebecker, der bis Ende 2006 den ›Münchner Merkur‹ leitete, zitiert.« Allerorten leistet also die so hilfreiche Konsolidierung ihren Beitrag zur Beschleunigung der Entwicklung: »Der Konzentrationsprozess bei den Media-Agenturen, die im Auftrag der Unternehmen Werbung platzieren, tut ein Übriges. Die Tochteragenturen fünf internationaler Konzerne beherrschen über 80 Prozent des deutschen Marktes … ›Die Geschmeidigkeit wird immer größer‹, mit diesen vorsichtigen Worten umschreibt ein Zeitschriftenmanager das Geschachere zwischen Medien und Wirtschaft.« Als eine wesentliche Ursache der misslichen Entwicklung erkennen die Autoren des Artikels den rigorosen Sparkurs, den viele Zeitungsverleger fahren, die ganze Redaktionen aus Kostengründen zusammenlegen oder Objekte komplett auslagern.

Die Machtkonzentration der Konzerne dürfte auch die Marktanalysten beeindruckt haben. Trading favours, nannte es der ›Economist‹ im Juli 2007. Analyst for sale. Price: membership of a good club. Eine Studie amerikanischer Universitäten (›Sociopolitical Dynamics in Relations Between Top Managers and Security Analysts‹, von James Westphal, University of Michigan, und Michael Clement, University of Texas, Austin 2007) hatte ergeben, dass eine enge Beziehung herrscht zwischen den Analysten und den Managern der Unternehmen, die sie beurteilen. »Die Autoren der Studie erforschten die Meinung einiger tausend Analysten und führender Manager über zwei Jahre. Die Teilnehmer sagten mehr, als sie sollten, weil die neugierigsten Fragen in eine viel größere, weitgehend angenehme Studie eingebettet waren. So gaben fast zwei Drittel der Analysten zu, Vergünstigungen zu bekommen von den Firmen, mit denen sie sich befassten. Und diese Vergünstigungen schienen die Empfehlungen zugunsten ihrer Klienten zu beeinflussen. Die Vergünstigungen werden nicht aufs Geratewohl ausgegeben. Je enttäuschender die Profite des Konzerns, umso mehr Vergünstigungen spenden seine leitenden Manager. Bedenklicherweise scheint dies den gewünschten Effekt zu haben. Wenn ein Unternehmen unterdurchschnittliche Profite ausweist, senken die guten Dienste für die Analysten die Wahrscheinlichkeit einer Herabstufung um die Hälfte. Im Kielwasser einer großen Akquisition, die Analysten gewöhnlich ablehnen, sinkt die Wahrscheinlichkeit einer Herabstufung um 65 Prozent. Noch schlimmer, Analysten reagieren auch auf Vergünstigungen, die man ihnen vorenthält. Bei den Analysten, die von einem CEO oder CFO gehört hatten, der sich geweigert hatte, Analysten zurückzurufen, die vor Kurzem die Aktie heruntergestuft oder eine negative Ansicht zum Ausdruck gebracht hatten, war die Wahrscheinlichkeit geringer, das Rating des Unternehmens herabzustufen als Reaktion auf unerwartet niedrige Profite. Nichts davon ist direkte Bestechung. Aber es wirft doch wichtige Fragen über ihre Objektivität auf.« Auch das katastrophale Versagen der Ratingagenturen im Vorfeld der Finanzkrise hat gewiss Wurzeln in der Abhängigkeit von immer weniger Konzernen. Es scheint ihnen aber nicht zu schaden. Die US-Notenbank akzeptiert für ihre Kreditvergabeprogramme nur Risiko-Einstufungen der großen drei Ratingagenturen, die beim Finanzfiasko Hauptrollen spielten (Economist 23. April 2009).

»Control fraud« nennt es der amerikanische Jurist William Black, Betrug, der über die Kontrolle einer Organisation möglich ist.

Die Aushöhlung der Nachfrage

Die Fusionsmanie und die Kopfzahl-Paranoia der Konzerne hinterließen erwartungsgemäß ihre negativen Spuren auf dem Arbeitsmarkt. Wenn Abertausende lukrative Konzernjobs abgebaut oder in kurzfristige, mies bezahlte umgewandelt werden, leiden Einkommen und Konsum. Erstaunlich, wie Politik und Öffentlichkeit in den letzten Jahren die Diktion der Konzernmanager unreflektiert übernommen und sich an das früher Unvorstellbare gewöhnt hatten. Schlagzeilen wie »Siemens wird die globale Belegschaft um 17 200 nach Rekordprofiten des Vorjahres reduzieren« (›Financial Times‹, Juli 2008) nahmen sie lethargisch hin. Mit dem Zauberwörtchen »Globalisierung« hatten die Machthaber der Wirtschaft den Schlüssel gefunden, mit dem sie Gehaltniveaus drücken und soziale Schrauben anziehen konnten. In Wirklichkeit lässt sich nur ein kleiner Teil der Veränderungen auf dem Arbeitsmarkt auf die Globalisierung zurückführen. In Europa etwa sind es zwei Prozent aller Jobs, die im Kielwasser der Globalisierung permanent verlagert wurden, wie eine im ›Economist‹ (20. Januar 2007) zitierte Studie belegte. Der ›Economist‹, alles andere als ein Gegner der Globalisierung, merkte kritisch an, dass »in der reichen Welt der Anteil der Arbeit am Bruttosozialprodukt historische Tiefen erreicht hat, während die Profite explodierten und so ein gefährlicher Mix von Ungleichheit und flauen Löhnen die Globalisierung gefährdet.«

Das mit Eifer verfolgte angelsächsische Modell schaffte auch mitten in Europa »Working Poor«. »In manchen Branchen werden Leasingarbeit, Scheinselbstständigkeit oder Werkvertrag zur Regel. Dauerhafte Vollarbeitsplätze, meist in der Industrie, werden durch atypische Jobs ersetzt. Diese führen für die Beschäftigten rasch zu prekären Lebenssituationen. Die Dauer der Dienstverhältnisse wird immer kürzer, Befristungen von Beginn immer häufiger. Mehr als zwei Drittel aller Beschäftigungsverhältnisse in marktorientierten Unternehmen dauern kürzer als ein Jahr. Die Flexibilisierung ist privatisiert und geht zulasten der arbeitenden Menschen. Für den Einzelnen heißt das: Absicherungen fallen weg, Zukunft wird kaum noch planbar. Wo bleibt denn da die gerechte Verteilung des Wirtschaftswachstums?«, fragte im Februar 2007 das Informationsblatt der Bischöflichen Arbeitslosenstiftung in Oberösterreich unter dem Titel ›Das Märchen von der Vollbeschäftigung‹.

Deutschland ist »ein Land der glücklichen Bosse und der unglücklichen Arbeitnehmer«. Zu diesem Schluss kam Daniel Thorniley im Economist-Corporate-Network-Analysepapier ›The Global Business Outlook 2008–10‹. Er zeichnete den Teufelskreislauf nach: »Konsumenten fürchten um ihre Jobs. Sie haben kein Vertrauen in die Zukunft, sie konsumieren nicht. Es gibt nicht genügend Nachfrage. Die Verkäufe der Konzerne bleiben schwach. Die Unternehmen bauen Jobs ab und lagern ihre Aktivitäten aus. Konsumenten fürchten um ihre Jobs …« »Der Konzernchef eines amerikanischen Konsumgüterkonzerns fragte mich kürzlich«, schrieb er noch vor der großen Krise im Juli 2008, »was läuft mit Deutschland schief? Die Antwort ist, entweder nicht viel oder sehr viel. Wenn Sie Deutschland als Basis für den Export hoch qualitativer Produkte nehmen, ist es großartig; wenn Sie Konsumgüter in den Markt hinein verkaufen wollen, ist es schrecklich. Die Wachstumskomponenten sind nicht einheitlich gut und scheinen daher auf dem derzeitigen Niveau nicht haltbar. Exporte gehen zu gut, die Konsumausgaben sind zu bescheiden. Die deutschen Konzernprofite sind exzellent und unter den besten in Europa. Sie basieren auf Ersparnissen bei den Arbeitskosten und hervorragenden Exporten.«

Mit »A thousands cries of pain«, tausend Schmerzensschreie, überschrieb der ›Economist‹ (21. Februar 2009) seinen Bericht über die deutsche Industrie. »Vor zwei Jahrzehnten lagen beispielsweise die Lohnstückkosten Deutschlands etwa 12 Prozent über dem Durchschnitt der Euro-Zone, was Deutschland den Beinamen ›kranker Mann Europas‹ einbrachte. Heute nach einer Dekade der Zurückhaltung bei Lohnforderungen und Arbeitsmarktreformen, sind sie etwa 13 Prozent unter dem Durchschnitt.« Das Geld und das Vertrauen in die Zukunft fehlen bei der Nachfrage im Inland und der Exportweltmeister macht die schmerzliche Erfahrung, dass auch am Ende der Kette irgendwo auf der Welt Arbeitnehmer und Konsumenten stehen, die in der Lage sind, Geld auszugeben. Der ›Economist‹ sieht den »famed

Mittelstand«, die Tausende von kleineren und mittleren Unternehmen im Familienbesitz, die das Rückgrat der deutschen Wirtschaft darstellen, schwer gefährdet.

Die globalen Ungleichgewichte waren auch eine Folge der Strategie der Konzerne, die Welt jahrelang konsequent in Investitionsländer und Profit-Abschöpfländer einzuteilen. In Märkte mit »Topline«-Wachstum, also hohen Wachstumsraten, wie die bekannten BRIC-Länder (Brasilien, Russland, Indien und China), investierten sie. In den weitaus zahlreicheren »Bottomline«-Ländern fokussierten sie ganz auf die Bottomline, also die steuerschonende Abschöpfung der Gewinne. Ohne jegliche Sentimentalität exekutierten die Konzernherren ihren fokussierten Zugang, schlossen dort eine Fabrik, reduzierten da eine Organisation auf das Gerippe, hungerten hier eine übernommene, am Markt gut eingeführte Marke aus, kündigten da eine langjährige enge Geschäftspartnerschaft … Wenn sie nicht mehr in den strengen kurzfristprofitgesteuerten Fokus passen, weg damit. Die Rendite durfte schließlich nicht mit »unnützen«, vielleicht erst mittelfristig lukrativen Investitionen belastet werden. Da die Verhinderer und Sparer im Konzern das Sagen haben, wird bald einmal etwas als nicht investitionswürdig eingeschätzt, der Fokus wird somit immer enger und die – keinesfalls durch Geldmangel bedingten – Selbstbeschränkungen werden immer stringenter. Pech für die Mehrheit der Länder, die nicht zu den Fokus-Ländern gehörten. Sie würden keine nennenswerten Investitionen mehr erhalten, auch wenn ihre offiziellen Repräsentanten weiterhin unverdrossen die Wünsche der Konzerne erfüllten.

Für den Konsum sind Unsicherheit und niedrige Einkommen katastrophal. An größere Investitionen wie Wohnungen oder Häuser können die atypisch Beschäftigten nicht einmal denken. Da wird die Finanzierung einer Zahnspange für das Kind schon zu einer Riesenherausforderung. Bei manchen kompensieren die Eltern noch die Einkommenslücken. Lange Zeit kaschierten gute Exportergebnisse die erodierte Kaufkraft der Konsumenten. Jetzt wird offenbar, was seit Langem zu erwarten war, die Äste, an denen die Konzernherren mit ihrer restriktiven Anstellungs- und Gehaltspolitik unermüdlich sägten, beginnen abzubrechen. Die schnelle Gier zerstört die längerfristigen Aussichten.

»Verdienst du jetzt ordentlich in deinem neuen Job?«, fragte ich kürzlich einen jungen Bekannten. »Nein, natürlich nicht. Generation Praktikum!« Er zuckte die Schultern. In der Zwischenzeit wurde sein Job wegen Auftragsrückgängen gestrichen. »Es kann nicht so weitergehen«, meint er, »irgendwann muss der Boden erreicht sein, irgendwann müssen sie wieder Arbeitskräfte einstellen.« Uni-Absolventen hangeln sich von einem Projekt zum nächsten, können nie länger als für die Dauer des Projekts, also ein bis zwei Jahre, vorausplanen. 2007 wurden das Buch ›Generation 1000 Euro‹ und ein typischer Karrierepfad vorgestellt: drei Jahre Uni, drei Jahre Aufbaustudium, gekellnert, Praktikum 300 Euro für 11 Stunden pro Tag, erste Anstellung in der Marketingabteilung, 800 Euro schwarz, ein Jahr lang große Gelegenheit und viel Verantwortung, aber lausige Bezahlung, jetzt Junior Account Manager (Junior-Kundenbetreuer), 1028 Euro in Mailand, gut klingende Jobs, die nichts bringen. Gut ausgebildete junge Leute, die trotz aller Anstrengungen nicht am Arbeitsmarkt Fuß fassen können. Ein Praktikum folgt auf das nächste, und bevor man es sich versieht, ist man jenseits der 30 und hat noch immer keinen ordentlichen Job. Alle Stellen sind befristet, immer nur befristet. »Keinerlei Garantien, nur Psychoterror, Erpressung, Bedrohung. Zeitverträge, die dich direkt aufs Abstellgleis befördern oder die im besten Fall in andere Zeitverträge übergehen. Weder Zukunft noch Gegenwart lassen sich planen«, berichtete ein Betroffener (Ö1, März 2007).

Die Spirale geht nach unten. So formierte sich in Griechenland der »Block der 700-Euro-Generation«. Er versucht, Solidarität zu üben und den Mitgliedern Recht zu vermitteln. »Wenn wir uns nicht zusammenschließen, bleiben wir immer Opfer«, sagten die

Gründer. Solidarität ist ein Wort, mit dem sich diese Generation schwertut. Sie war es, der die neue Freiheit erfolgreich als ultimatives neues Lebensgefühl verkauft wurde. Es ist schwer einzugestehen, dass dies nur ein Vorwand für gezielte Ausbeutung war.

Griechenland widerlegte auch das Argument, dass flexible, genügsame Arbeitnehmer die Beschäftigung beleben. Die Unruhen im Dezember 2008 bewiesen eindrücklich, welch enormes gesellschaftliches Konfliktpotenzial die prekäre Arbeitsmarktsituation darstellt. Das Land hat gemeinsam mit Portugal die niedrigsten Arbeitskosten in Europa, aber gleichzeitig die höchste Arbeitslosigkeit. Die Unternehmer streichen laut Radio-Bericht die höchsten Gewinne ein, reinvestieren aber nicht. Sie wollen keine Leute mit guter Ausbildung, sondern sehen die Arbeitnehmer nur als lästigen Kostenfaktor und wollen daher nur billige Arbeitskräfte. Déjà vu. Folglich entwickeln sich die Unternehmen nicht weiter und werden nicht konkurrenzfähiger. 98 Prozent der Unternehmen haben im Übrigen keine Betriebsräte und einer von fünf Arbeitnehmern ist nicht versichert. (Bericht von Alkyone Karamanolis im Ö1 Europajournal, 25. Mai 2007).

Befristete Beschäftigung und Leiharbeit gehen wie ein Buschbrand durch alle Staaten Europas, formulierte DGB-Bundesvorstandsmitglied Annelie Buntenbach bei der Tagung »Atypische Beschäftigung und Prekariat im europäischen Vergleich« im Juni 2008 in Berlin. 31 Millionen Beschäftigte in der EU arbeiten zu niedrigen Löhnen, davon 17 Prozent zu sogenannten Armutslöhnen, wobei sie weniger als 50 Prozent des Durchschnittslohnes verdienen.

In Deutschland stieg die Anzahl der Personen in neuen oder atypischen Beschäftigungsformen von 1997 bis 2007 um 2,6 Millionen auf 7,7 Millionen an, während die Zahl der Erwerbstätigen in so genannten Normalarbeitsverhältnissen um 1,5 Millionen absank, hielt das Statistische Bundesamt (Destatis) im September 2008 fest. Der Anteil der neuen Beschäftigungsformen an allen abhängig Beschäftigten vergrößerte sich von 17,5 Prozent auf 25,5 Prozent.

In Österreich leben 230 000 Menschen in Haushalten, in denen der Verdienst trotz Erwerbsarbeit nicht reicht, um die eigene Existenz und die der Kinder zu sichern. Von den 97 000 manifest Armen, arbeiten 68 000 Vollzeit, präsentierte die österreichische Armutskonferenz 2009 aktuelle Daten der Statistik Austria.

»Sie verlieren zwar nicht die Lust auf Sex, die 26-Jährigen«, meinte der Expolitiker Heiner Geißler zur Situation in Deutschland (Ö1, 30. April 2007), »aber auf Kinder. Wie sollen sie auch eine Familie gründen, in befristeten oder Leiharbeitsverhältnissen, als Ich-AGs, mit 400-Euro-Jobs, die mit Arbeitslosigkeit alterieren, welche beruflichen Perspektive haben sie denn? Diese Wirtschaftspolitik ist rein angebots-, nicht nachfrageorientiert. Nicht der Sozialstaat gefährdet die Ökonomie, sondern die Ökonomie die gerechte soziale Ordnung.«

Der bekannte österreichische Wirtschaftsforscher Stefan Schulmeister erkannte in diesem Zusammenhang eine »Abkehr vom realkapitalistischen System« (Ö1, 30. April 2007), in dem Unternehmen ihre Profite nur über die Schaffung von mehr Arbeitsplätzen vermehren konnten, wobei sich die Interessen von Arbeitgebern und Arbeitnehmern trafen. Damals waren Finanzspekulationen aufgrund der Rahmenbedingungen nicht rentabel. »Wenn Sie heute an einem Tag 100 Millionen Euro wie bei (der Übernahme vom österreichischen Edelstahlkonzern) Böhler-Uddeholm verdienen können, werden Sie auf Finanzinvestitionen setzen ...« Der Zugang der Staaten, Arbeitslose wieder in die Arbeitswelt zu integrieren, erinnere ihn, wie einen früheren Kollegen, der gekündigt wurde, an das Spiel »Die Reise nach Jerusalem«. Im Job-Karussell ist immer weniger Platz, wer nicht schnell genug einen findet, bleibt übrig. Die herrschende Politik ist es, die Arbeitsuchenden mit mehr oder weniger großem Druck zu animieren: Lauft schneller, werdet flexibler, werdet billiger, vielleicht ergattert ihr einen Platz ... Die Politik sollte jene ansprechen, die Arbeitsplätze schaffen können, meint Schulmeister. Aber auch das ist bei der derzeitigen Kopfzahl-Paranoia nicht leicht. Als der Regierungschef persönlich unser Unternehmen mit dem Ansinnen nach Ausbildungsplätzen besuchte, versprach der Landesgeschäftsführer des Konzerns: »Vielleicht können wir ein, zwei Lehrlinge aufnehmen, ich werde beim Personalchef ein gutes Wort einlegen.« Bescheidene Ausbeute. Der War for Talent, der die Verhandlungsmacht der Arbeitnehmer besonders in Boom-Ländern wie Russland verstärkt hatte, wird durch die Wirtschaftskrise entschärft. Unternehmen werden noch weniger Leute anstellen und bewährte Kräfte freistellen. Beim nächsten Aufschwung werden sie wieder den Mangel an Fachkräften bedauern.

Dem Staat entgehen durch die geringeren Lohnsummen und die steigende Zahl an prekären Arbeitsverhältnissen beträchtliche Steuer- und Versicherungseinnahmen. Zudem muss er für die vom System ausgespuckten Arbeitslosen und für die nicht versicherten Personen aufkommen und viele andere Sozial- und Ausbildungskosten übernehmen, welche die Unternehmen nicht leisten wollen. So finden Auszubildende in der Schweizer Uhrenindustrie keine Ausbildungsplätze mehr, obwohl mehr Fachkräfte gebraucht werden. Die Lehrwilligen müssen staatliche Schulen besuchen. Für den amerikanischen Wirtschaftsnobelpreisträger Eric Manskin war es bei einem Vortrag (›Why Haven't Global Markets Reduced Inequality‹, 2. Oktober 2008) in Wien sonnenklar, dass die Unternehmer nicht für die Ausbildung ihrer Arbeitnehmer zur Besserqualifikation herangezogen werden können, der Staat auch nicht. Er schlug vor, damit sollten sich Stiftungen befassen.

Die Konzerne predigten Freiheit und Eigenverantwortung für Individuen und legten gleichzeitig mit ihrer Mitarbeiterpolitik die Basis, dass immer mehr Individuen nicht mehr die Mittel haben, diese Eigenverantwortung zu leben. Jeder ist seines Glückes Schmied, sagten sie, lassen Sie doch das – weniger verdiente –

Geld für Sie arbeiten, wie es auch der Film ›Let's make money‹ thematisiert. Bank- und Anlageberater übten, angespornt durch ihr persönliches Incentive-System, Druck aus, das mühsam Ersparte nicht wie bis dahin üblich auf solide Sparbücher zu legen, die tatsächlich nur miese Sparzinsen versprachen, sondern in Wertpapierfonds und Aktien zu stecken. AD-Kunden nannten die Banker jene Sparer, denen sie die miesesten Papiere andrehen konnten, alt und doof (›Spiegel‹ 11/2009). Viele Arbeitnehmer entdeckten – ermutigt durch die abzockenden Vorbilder – aber auch ihre eigene Lust am Spekulieren. Damit floss das sauer Verdiente erneut in die Konzerne zurück und fand sich nach dem Fiasko der Finanzmärkte nur mehr in kleinen Dosen in den Wertpapierdepots wieder. Nun fehlt es den Konsumenten. 60 Billionen Dollar privates Vermögen wurde zwischen Juni 2008 und Juni 2009 vernichtet, rechnete Daniel Thorniley 2009 bei einem Economist Corporate Network Briefing vor, 60 Billionen »real money«, repräsentiert durch den Verlust von Jobs, das Herunterrasseln der Werte von Aktien, Immobilien und Pensionskassen. Viele der geschädigten zukünftigen Pensionisten verdrängen noch das Ausmaß des Schadens und die Auswirkungen auf die Lebensplanung. Dabei spielen die riesigen privaten Pensionskassen selbst eine wesentliche Rolle bei der zukunftsschädigenden, hektischen Jagd nach der Kurzzeitrendite. So sägen wir allerorten emsig an den Ästen, auf denen wir sitzen.

Die Arbeitnehmer kommen von allen Seiten verstärkt unter Druck. Da erscheint es kein Wunder, wenn beispielsweise deutsche Arbeitnehmer immer häufiger wegen psychischer Probleme am Arbeitsplatz fehlen. Im Zeitraum 1995 bis 2008 nahmen die mit psychischen Ursachen begründeten Krankheitszeiten um 80 Prozent zu, analysierte das Wissenschaftliche Institut der AOK (Wido). Der Krankenstand insgesamt stieg in deutschen Unternehmen 2008 – nach den historischen Tiefständen 2006 und 2007 – wieder leicht an. Die psychischen Erkrankungen kommen mit über acht Prozent bereits an vierter Stelle.

Der Staat als Musterschüler der Konzerne

Was die Konzerne dem Staat mit ihrer erfolgreichen Steuerminimierungspolitik und ihrer Kopfzahl-Paranoia an Einnahmeverlusten bescheren, das machen sie mit guten Vorschlägen wett, wie der Staat diese Einkommensverluste ausgleichen kann.

Die Wirtschaft hatte die Politik an die Kandare genommen. Vom »Sieg des Kapitalmarktes« sprach Andrew Gowers im Mai 2006 im ›manager magazin‹: »Die Politiker sind überall in Europa in die Defensive geraten. Die Menschen wissen, dass nationale Politiker längst nicht mehr die Kontrolle innehaben – auch wenn sie versuchen, das Gegenteil vorzugeben. Für Wähler und Abgeordnete mag dieser Umstand beunruhigend sein. Für die Geschäftsmänner und -frauen Europas ist er ein Grund zur Freude.« Diese unverhohlen gezeigte Freude hätte Politikern eigentlich zu denken geben müssen. Das Spielfeld, das ihnen wirtschaftsorientierte internationale Organisationen wie die WTO oder die EU mit Duldung der Politik bereitet haben, ist nur für die Konzerne und das Kapital, das zudem von der Einführung des Euro profitierte, grenzenlos flach. Die Staaten verzichteten darauf, ihr eigenes Spielfeld zu nivellieren und ihre Verhandlungsbasis durch »Absprachen« über Steuerpolitik, Arbeitsrecht etc. zu stärken. Im Gegenteil, sie kämpfen mit Standortvorteilen und Steuerzuckerln um die Gunst der Konzerne und verlieren immer. Kurzsichtig freuten sie sich, wenn sie ihrem Nachbarn mit der Senkung der Unternehmenssteuern eins ausgewischt haben. Bei besonders exquisiten Regelungen wie der Gruppenbesteuerung, die es einem Unternehmen erlaubt, im Land der Niederlassung auch die in anderen Ländern angehäuften Verluste steuermindernd abzusetzen, während nur die im Land erzielten Gewinne versteuert werden mussten, freut sich der Konzern und verlegt vielleicht seine Zentrale mit ein paar Angestellten in das Land (Beispiel Österreich), um dieses Zuckerl für sich zu nutzen. Arbeitsplätze werden dadurch nur wenige geschaffen. Die ansässige Industrie sagt kurz »danke«, um dann sofort persönlich durch den Vorstandsvorsitzenden oder eine Lobbyorganisation ausrichten zu lassen, »aber wenn ihr es mit den Umweltgesetzen weiter so genau nehmt, dann müssen wir wegen der ungeheuren Standortnachteile unsere Niederlassung verlegen ...« Und so weiter und so fort.

Viel zu traut sind die Beziehungen zwischen Politikern und Wirtschaftskapitänen. Lang war die Liste von Präsidenten und Regierungschefs, die sich für die Audienz unseres CEOs in Davos beim Weltwirtschaftsforum anmeldeten. Viel zu traut die Beziehungen zwischen EU und Wirtschaftslobbyisten – die EU spart Beamte ein und lässt Lobbyisten bei Gesetzesentwürfen mitmischen. Viel zu traut die Beziehungen zwischen Wirtschaftslobbyisten und vielen Wirtschaftsjournalisten, die Kommentare der ersteren ungefiltert weiterverbreiten.

Die öffentlichen Einrichtungen haben sich als wahre Musterschüler etabliert, wenn es darum geht, die Konzerne zu kopieren. So setzen Bund, Länder, Gemeinden, Gesundheits- und Sozialwesen, Kunst und Kultur beispielsweise selbst voll auf prekäre Arbeitsverhältnisse. Ein bekannter, dem neo-liberalen Gedankengut aufgeschlossener österreichischer Minister stellte die Mitglieder seines Teams bei einem Personal-Leasing-Büro an, um ihre Bezüge über das festgeschriebene Beamtenniveau hinaus aufstocken zu können. Das war eine Ausnahme. Sonst gleichen die Motive der Behörden jenen der Unternehmen: die Fassade wahren, die Zahl der Beamten kleiner und die Produktivität größer aussehen lassen, Mitarbeiter wieder schnell loswerden, Nebenleistungen einsparen und keine längerfristigen Verpflichtungen eingehen. Doch die Kosten können durchaus um ein Vielfaches höher sein, wenn Fremdleistungen erbracht werden. So wunderte sich die finnische Armee, dass die Kosten beträchtlich anstiegen, als sie die Bewirtschaftung der Küche von den eigenen Rekruten zu einem externen Unternehmen auslagerte.

Meister der Auslagerung, des Versteckens von Kosten und der

Fassadengestaltung war die amerikanische Regierung unter dem Präsidenten George W. Bush. Nobelpreisträger Joseph Stiglitz stellte bei einem Vortrag im Oktober 2008 in Wien ein paar der Methoden vor, die die Kosten des 3-Billionen-Dollar-Krieges im Irak (konservative Schätzung – »There is definitely nothing like a free war«) verschleiern sollten. Ein beträchtlicher Anteil der Kostenexplosion war auf den Einsatz privater Sicherheitsdienste zurückzuführen. So stiegen die Kosten von 50 000 Dollar auf 400 000 Dollar pro Mitglied der Truppe. Während die Zahl der regulären Soldaten auf 140 000 sank, stieg jene von Privatunternehmen auf 100 000. Von einem Gesundheitssystem für bedürftige Kinder, das zwei Milliarden Dollar gekostet hätte, sagte Bush, wir können es uns nicht leisten. Die Regierung nutzte Buchhaltungsmethoden, die keinerlei zukünftige Verpflichtungen (cash accounting) wie die Zahlungen für die Behandlung verletzter Soldaten berücksichtigten. Vom Irak-Krieg 1991 sind noch Kosten von vier Milliarden Dollar für die Invaliden zu zahlen und der derzeitige Krieg dauert schon sechs Jahre. Bush kommunizierte keine realistischen Budgets, sondern verlangte vom Kongress alle paar Monate zusätzliche Gelder für die Boys, als ob es sich um unvorhersehbare Notfälle wie Naturkatastrophen handelt. Der frühere Verteidigungsminister Donald Rumsfeld, erzählte Stiglitz, sparte beim Einkauf wichtiger Ausrüstungsgegenstände, die das Leben von Soldaten gerettet hätten, weil sie ihm zu teuer waren. Im Übrigen unterschrieb das Pentagon Kontrakte mit Unternehmen der Halliburton Gruppe, die auf den Cayman Inseln angesiedelt ist und keine Sozialversicherung und keine Steuern in den USA zahlt. Damit konfrontiert, sagte das Pentagon, das wäre, um Kosten zu sparen.

Öffentliche Einrichtungen, die kreativ Steuern sparen, das ist fürwahr ein großartiges Vorbild für die geplagten, gewöhnlichen Steuerzahler. Auch die deutschen Kommunen befleißigten sich diverser Steuersparmodelle. Zum Beispiel nutzen sie das Cross-Border-Leasing, bei dem grenzüberschreitende Vereinbarungen getroffen werden, um von den unterschiedlichen steuerrechtlichen Regelungen zu profitieren. Schon 2003 hatte Gerd Landsberg, Geschäftsführendes Präsidialmitglied des Deutschen Städte- und Gemeindebundes, Implikationen und Risiken des Cross-Border-Leasing formuliert: »Nachdem Cross-Border-Leasing zunächst durch die deutsche Wirtschaft – vor allem im Bereich der Flugzeugindustrie – genutzt wurde, stieß es bald auch bei den Kommunen auf Interesse. Nach Abschluss der ersten Geschäfte wurde jedoch aus vielen Bereichen der Gesellschaft Kritik geäußert. Die Einwände beziehen sich vor allem auf Risiken, die aus der jahrzehntelangen Laufzeit der Verträge resultieren: Was geschieht bei Insolvenz eines Beteiligten, bei nachträglichen Rechtsänderungen oder bei Betriebsstörungen der Anlage? Diese Risiken lassen sich realistisch nur anhand des einzelnen Vertragswerkes beurteilen. Die Wahrscheinlichkeit ihres Eintritts wird infolge diverser Schutzmechanismen und Umstrukturierungsmöglichkeiten bei geschickter und vorausschauender Vertragsgestaltung zwar als relativ begrenzt angesehen. Wenn sie sich aber tatsächlich realisieren, kann der Schaden von immenser Höhe sein und den ›Gewinn‹ der Kommune um ein Mehrfaches übersteigen. Daneben werden auch moralische Bedenken vorgebracht, die die Frage betreffen, ob sich die Gemeinden überhaupt an einem ›Steuersparmodell‹ beteiligen und auf Kosten des amerikanischen Fiskus Einnahmen erzielen sollten.« Die Einnahmeverluste für den deutschen Fiskus erwähnt er in diesem Zusammenhang gar nicht. Die Finanzkrise lässt nun das vorher Unvorstellbare durchaus möglich werden. Staatsbürger könnten dann mit weiteren Milliardenbeträgen (woher?) ihre eigene Infrastruktur zurückkaufen. Schilda lässt grüßen. Auch zahlreiche österreichische, in Staats- und Landesbesitz befindliche Schlüsselunternehmen wie Kraftwerksbetreiber oder die Österreichische Bundesbahn und Wiener Linien hatten die ungeheuerliche Chuzpe, ihre Basis-Infrastruktur in Cross-Border-Leasing-Geschäfte einzubringen.

Werner Rügemer, Lehrbeauftragter an der Universität Köln und Publizist, hielt im Film ›Let's make money‹ fest, wie zielstrebig sich private Investoren in die öffentliche Infrastruktur verkrallen, die Sicherheit des Staates im Hintergrund schätzen. Eine Milliarde Euro erhielt die Stadt Wien für die Wiener Linien. Von rund 30 Prozent Steuerersparnis kommen nur 4 bis 7 Prozent beim Leasinggeber an, den Rest teilen sich US-Investor und involvierte Banken. Honorige britische Institutionen wie Westminster, die Polizei, die City Councils wollten sich die saftigen Renditen isländischer Banken nicht entgehen lassen und investierten riesige Summen an öffentlichen Geldern in Banken, die dann bankrott gingen (BBC International, 9. Oktober 2008). Niederösterreichische und Burgenländische Gemeinden setzten, motiviert von den Aufsichtsbehörden, weniger konservativ und lukrativer zu veranlagen, und von großen Banken wie Raiffeisen und Bank Austria schlecht beraten, wie sie später sagten, auf spekulative Anlageformen und sitzen nun auf ihren Verlusten (Ö1, 30. Oktober 2008). So zahlt der Bürger mehrfach.

Die Saat ist aufgegangen. Jahrelang predigten unsere Konzernchefs bei ihren obligatorischen Pseudo-Staatsbesuchen mehr Liberalisierung, mehr Privat und mehr PPP (Public Private Partnership, öffentlich-private Partnerschaft). Sie trafen den amtierenden Präsidenten oder Regierungschef des Landes in Amtsgebäuden, übergaben einen vergleichsweise mickrigen Scheck für eine gute Sache – nichts im Vergleich zu den Steuern, die sie außer Landes schafften – und verteilten gute Ratschläge für eine zusätzliche Öffnung des Landes. Eine größere Investition sei vorerst nicht geplant, sagten sie in der Regel auf die entsprechende Frage der Staatsrepräsentanten, und hoben die, wie sie behaupteten, ohnehin herausragenden Leistungen beim Transfer von Know-how in das Land hervor sowie die Schaffung von Arbeitsplätzen bei den Vertriebspartnern. Bei einer entsprechenden Umsatzentwicklung, auch mit den öffentlichen Stellen, fasse man eine eigene Niederlassung ins Auge. Doch wenn sie dann später ein Büro eröffneten, setzten sie in erster Linie auf atypische Arbeitsverhältnisse. Entscheidungen, einen Standort zu begründen oder zu verlegen, machten sie vom Entgegenkommen der lokalen Politiker abhängig. Entgegenkommen wird erwartet bei Flächenzuteilungen oder Genehmigungsverfahren, bei den Energiepreisen, bei vom Staat zur Verfügung gestellten Infrastruktureinrichtungen etc. etc. Ein wesentliches Entscheidungskriterium für die Niederlassung in einem Land ist die Möglichkeit, Arbeitskräfte unkompliziert wieder loswerden zu können.

Einfallsreich sind Konzerne besonders dann, wenn es darum geht, Gewinne aus einem Land abzuziehen. Die globalen Spieler bespielten unter dem duldsamen Blick der Politik dieses weite Feld souverän, verschoben locker Kapital und Gewinne über die Grenzen. Mit kreativen Buchhaltungsmethoden minimierten sie die Steuerleistung in den einzelnen Ländern. Diese können – und wollen – beispielsweise die Relevanz der verrechneten Gemeinkosten nicht beurteilen, auch wenn die Zahlen absurd sind. Nur nicht dran rühren, lieber den Verlust wichtiger Steuereinnahmen hinnehmen. Sonst droht das Kapital gleich wieder mit dem Weggang.

Ein weiterer Teufelskreis: Die Staaten haben immer weniger Geld für Kultur, Erziehungs- und Sozialleistungen, sind immer mehr auf Sponsoring angewiesen, das die Konzerne im Zuge ihrer strengen Renditepolitik aber auch immer mehr einschränken. Den Sozialstaat müsse man eben kürzen, meinen die Konzerne, den Bürgern mehr Eigeninitiative zumuten, die sich jene aber mit ihren prekären Arbeitsverhältnissen und geringen Einkünften immer weniger leisten können. Ein Spiel, das die nationalen Regierungen nicht gewinnen können, am wenigsten mit vorauseilendem Gehorsam und den untauglichen Instrumenten der Konzerne.

Jahrelang machten die Konzernmanager den Staat mies und priesen die Privatisierung als Allheilmittel, um bis dahin in öffentlichem Eigentum stehende Einrichtungen günstig erwerben zu können. Wundersamerweise wurden diese nach dem Kauf immer viel höher bewertet als vor dem Kauf (Beispiel – Verkauf durch die Republik Österreich von 62 000 BUWOG-Wohnungen etc. 2004, die laut Rechnungshof 2008 dreimal so viel wert waren). Vor der Privatisierung ist nach dem Sinn und Zweck einer Einrichtung zu fragen und wer vom Verkauf profitiert. Was hat der Bahnfahrer vom Börsengang der Deutschen Bahn? Einen besseren Fahrplan, weniger Verspätungen, mehr Sicherheit? Eher nein, wenn wir die britischen Erfahrungen heranziehen. Was hat der österreichische Steuerzahler von der Privatisierung und Liberalisierung der Post? Dank Hunderter geschlossener Postämter immer längere Wege zur Post, dank branchenfremder Postpartner die Gewissheit in kleinen Orten, dass jeder Dorfbewohner vom Briefverkehr der anderen erfährt. Während sie weitere 300 Schließungen von Postämtern vorbereitet, kündigte die Post AG im März 2009 die Ausschüttung einer Sonderdividende an. »Lassen wir das Geld im Konzern, lassen wir ineffiziente Strukturen bestehen«, sagte der interimistische Chef der Post AG, auf diese Diskrepanz angesprochen. Wenn das kein Musterschüler der Konzerne ist.

Immer häufiger erinnert man sich wieder an die ursprüngliche Bedeutung des Wortes ›privat‹. »Privatisierung kommt von privare, ein lateinisches Wort mit der Bedeutung ›berauben‹. Wenn nun eine Privatisierung stattfindet, dann werden Gemeinschaftsgüter von privaten Interessenten aufgekauft – oder sogar verschenkt … und das ist nichts anderes als eine Beraubung der Gemeinschaft«, sagte Hermann Scheer, SPD-Bundestagsabgeordneter und Träger des alternativen Nobelpreises, in ›Let's make money‹. Als Steuer zahlende Staatsbürger sollten wir den Staat an seine Dienstleistungspflichten erinnern.

Ja, das Geld der Steuerzahler, jetzt stehen sie darum an, die Konzerne. Wie sagte der Banker Willi Hemetsberger (Ö1 Saldo,

13. März 2009): »Banker sind gierig, sonst wären sie nicht im Banking. Aber wer leiht ihnen das Geld, dass sie so gierig sein können? Die Investoren können sich darauf verlassen, dass die Staaten ihre Banken wegen der zu erwartenden Folgen retten werden.« Dabei bleiben andere Schlüsselbereiche auf der Strecke. Daniel Thorniley hat ausgerechnet, dass das Vereinigte Königreich schon mit dem bis Oktober 2008 zur Eindämmung der Finanzkrise ausgegebenen Geld 2500 Schulen und 800 Krankenhäuser hätte bauen können. Diese werden nie mehr gebaut, schreibt er, nicht in Großbritannien oder irgendwo sonst auf der Welt, weil nunmehr persönliche Unternehmens- und Staatsbudgets reduziert werden, um über die bevorstehende Rezession zu kommen. In zusätzliche Richter, die Österreich dringend brauchen würde, unter anderem um die Klageflut von übervorteilten Anlegern gegen Finanzdienstleister zu behandeln, kann der Staat wegen der massiven Finanzspritzen für die Banken nicht investieren.

Es ist kein Wunder, wenn das Vertrauen in die Konzerne und Globalisierung zurückgeht und die Bürger von den Regierenden die Emanzipation von der Wirtschaft erwarten. Im Sommer 2008 ergab eine im ›Economist‹ (21. Februar 2009) zitierte Umfrage für die Europäische Union, dass zwei Drittel der EU-Bürger die Globalisierung nur für große Firmen als profitabel ansehen, nicht jedoch für die Bürger. Im Jahr 2002 waren gemäß einer Pew-Umfrage 78 Prozent der Amerikaner der Meinung, dass der Außenhandel für ihr Land von Vorteil sei. Eine CNN-Umfrage im Juli 2008 zeigte, dass zum ersten Mal eine schmale Mehrheit der Amerikaner den Handel als Bedrohung, nicht als Chance sah. Eine von Richard Edelman für das Weltwirtschaftsforum in Davos durchgeführte Befragung in 20 Ländern ergab, dass 62 Prozent derjenigen, die antworteten, den Unternehmen nunmehr weniger oder viel weniger vertrauen und mehr Regierungskontrolle über wirtschaftliche Aktivitäten wollen. Ausdrücklich verlangt die vorrangige öffentliche Meinung nach mehr Regulation durch den Staat. Bisher kamen die Staaten den Wünschen ihrer Bürger nur in bescheidenem Ausmaß nach.

Corrupt or stupid, korrupt oder dumm, stellte sich Daniel Thorniley eine Frage, die nicht nur im Hinblick auf die britische Regierung gilt. Diese hatte, nachdem sie den notleidenden Banken Milliardenspritzen öffentlicher Gelder injizierte, Leerverkäufe bei Bankaktien verboten. Kurz darauf nahm sie das Verbot wieder zurück und die Spekulanten (»short-selling swines«) setzten auf fallende Bankaktien, trieben die Kurse hinunter und machten auf Kosten der Steuerzahler wieder Unsummen Geld. Für seine Landsleute kann er sich nicht vorstellen, dass sie korrupt sind, meinte er damals noch.

Prominentes Opfer Klimaschutz

Der Einsatz der riesigen Budgetmittel zur Bekämpfung der durch die Gier und Dummheit der Konzerne verursachten Wirtschaftskrise fordert noch ein prominentes Opfer, das für die Menschheit letal enden kann, den Klimaschutz. Bankensicherheitsnetz und Konjunkturbelebungsprogramm lassen keinen Spielraum mehr für zusätzliche Investitionen. Dabei ist Feuer am Dach oder besser in der Atmosphäre. »A sinking feeling«, nannte der ›Economist‹ (12. März 2009) einen Bericht zum Klimawandel. Bei einer wissenschaftlichen Konferenz im März 2009 in Kopenhagen verkündeten Umweltexperten, dass der Meeresspiegel wegen der schneller abschmelzenden Eiskappen in Grönland und der Antarktis offenbar doppelt so schnell steigt wie von der UNO nur zwei Jahre vorher vorausgesagt wurde – zwischen 50 und 100 cm bis zum Jahr 2100, wenn keine entsprechenden Anstregungen gegen den Klimawandel unternommen werden.

Die Menschheit steht vor ihrer größten Herausforderung, die sie – wenn überhaupt – nur mit global konzertierten, langfristig angelegten Aktionen bewältigen kann. In den großen Konzernen, die bei der Erfindung neuer Technologien und beim Einsparen von Emissionen eine führende Rolle zu spielen hätten, sitzen Entscheidungsträger, die es nicht gewohnt sind, über den Profit des nächsten Quartals hinauszublicken, und die zudem ein Konzernumfeld geschaffen haben, das wenig geeignet ist, bahnbrechende Innovationen hervorzubringen. Sie verwenden ihre Energie darauf, CO^2-senkende Maßnahmen bei Politikern weiter in die Zukunft zu »lobbyieren«, statt all ihre Ressourcen auf deren Senkung zu fokussieren. Dabei sind die Einsparpotenziale enorm. So ergab beispielsweise eine Umweltbilanz, die vor Jahren von einem deutsch-österreichischen Konzern mittlerer Größe in Auftrag gegeben wurde, riesige Möglichkeiten, die unter anderem auf intelligenten Kreisläufen in der Produktion basierten. Umgesetzt wurden sie nur sehr rudimentär, weil eine Umstrukturierung die willigen und handelnden Personen in alle Winde zerstreute.

Investitionen in den Umweltschutz sind nachhaltig, argumentieren die Verfechter verstärkter Förderung. Die skandinavischen Länder hätten zudem bewiesen, dass das Wohlstandsniveau vom Energieverbrauch entkoppelt werden kann. Aber ihre Rufe nach zusätzlichen Mitteln werden in den ressourcenfressenden Schluchten der Krise weitgehend ungehört verhallen.

Die vorrangigen Opfer einer weiterhin ungehemmten Erderwärmung werden nicht die Verursacher im Norden sein, sondern jene im Süden, die am wenigsten dazu beigetragen haben. Das klingt irgendwie vertraut. Beim Gipfel für einen globalen Vertrag für Klimagerechtigkeit im EU-Parlament plädierte der Vertreter der Deutschen Bank dafür, das Wasser zu einem Gut mit Preis zu machen, um ihm einen Wert zu geben. Die Konzerne stehen offenbar bereit, um auch an dieser Katastrophe zu verdienen. Hoffentlich funktioniert der Markt beim Handel mit Emissionszertifikaten besser als mit innovativen Finanzprodukten.

Wie können es Unternehmen besser machen?

Die Kunden von der Peripherie ins Zentrum holen

Zwar sprach man immer vom Kunden, aber bei keiner der Rotstiftmaßnahmen oder Prozess- und Kontrollverfeinerungsaktivitäten haben die Kunden eine Rolle gespielt. Jede interne Unternehmensentscheidung sollte künftig auf ihre Wirkung auf die Kunden abgeklopft werden. Der Kunde muss von der Unternehmensperipherie abgeholt und zurück ins Zentrum gerückt werden. Schließlich ist es der Zweck eines Unternehmens, Kunden zu gewinnen. Heute stellen die Konzerne den Profit in den Mittelpunkt und behandeln und beurteilen die Kunden entsprechend der Rendite, die sie abliefern. Zudem sind sie so sehr mit ihren eigenen Prozessen und Systemen beschäftigt, dass sie wenig Fokus und Zeit für die Kunden haben. »Warst du gerade beim Kunden?«, fragte ich eine befreundete Managerin am Telefon. »Kunden? Wir brauchen keine Kunden, wir sind so mit uns selbst beschäftigt«, sagte sie zynisch.

»Sie müssen mehr aus den Kunden herausholen, sie bringen zu wenig Deckungsbeiträge«, hatte das Management der Mitarbeiterin einer PR-Agentur eingehämmert, weil es die Auffassung vertrat, dass »ein Kunde in zwei Jahren auszuquetschen sei und dann weg«, während sie ihre Kunden zu deren Zufriedenheit – »sie waren es gewohnt, exzellenten Wert für ihr Geld zu bekommen« – schon über ein Jahrzehnt betreute. Unter dem fortgesetzten Druck erhöhte sie den Preis für die Leistungen bei einem Kunden. Der Kunde ging weg von der Firma. Dann gab ihr die Agentur zu verstehen, dass auch ihre Position durch den Wegfall der Einkünfte dieses wichtigen Kunden im Unternehmen gefährdet sei. »Ein zweites Mal passiert mir das nicht mehr«, sagte sie sich, eröffnete eine eigene Agentur und nahm »ihre« Kunden mit. »So kurzsichtig«, kommentierte sie das Margendenken des früheren Arbeitgebers.

»Jetzt bekommen wir leicht einen Platz«, meinte der langjährige Stammkunde im Restaurant, das er jetzt im Gegensatz zu früher, als es noch gerammelt voll war, nur mehr sporadisch besucht. Das maßlose »Bottomline«-Denken hatte sich des Patrons bemächtigt. Nach einem Urlaub, in dem er offenbar auf zu viele »Bottomline«-Denker unter seinen Kollegen gestoßen war, hatte er von Kunden- auf Profitabilitätsorientierung umgestellt und die Preise dramatisch erhöht, für die nunmehr extra zu bezahlenden Beilagen horrende Preise verrechnet ... Mit dem bekannten Resultat: Das Preis-Leistungs-Verhältnis stimmte nicht mehr, die Gäste waren verstimmt und blieben weg. Hohe Rendite bei geringem Umsatz ist immer noch weniger als adäquate Rendite auf hohem Umsatz. Diese schlichte Rechnung ignorieren immer mehr der »Patrone«.

Kompromisslose Kundenorientierung bedingt fundamentale Änderungen an den derzeitigen Konzernstrukturen und -prioritäten. Das leitende Management muss seine Aversion überwinden und den Dialog mit den Kunden suchen, ihre Wünsche und Nöte erfahren und in Unternehmensentscheidungen umsetzen. Die Nähe zum Kunden muss denn auch das Kriterium für die Bedeutung der Mitarbeiter im Unternehmen sein. Die Zahlenhaie dürfen nicht wichtiger sein als jene Mitarbeiter, die mit ihren Leistungen für die Kunden die Basis für die Umsätze legen. Ihnen muss es so einfach wie möglich gemacht werden, ihre Leistungen am Kunden erbringen zu können. Sie vertreten die Kunden gewissermaßen intern und haben deshalb Anspruch auf erstklassige Services durch die internen Dienstleister. Derzeit ist das Verhältnis aber oft genau umgekehrt. Die operativen Manager und Mitarbeiter buckeln vor den Finanz- und Administrations-Zerberussen. Ein Unternehmen sollte es sich nicht leisten können, operative Manager mit dem Füttern von Kontrollsystemen und interner Administration zu beschäftigen statt mit den Kunden.

Ich habe nie verstanden, warum die allermeisten Unternehmen ausgerechnet die wesentlichen Schnittpunkte zum Konsumenten automatisieren und auslagern, anstatt sie zum Zentrum eines lebendigen Dialogs zu machen. Die Ergebnisse würden Innovation und Marketing auf Jahre speisen. Doch das Kosten-, nicht das Chancendenken steht im Vordergrund. Ein wichtiger Kunde aus der Autoindustrie hat uns bei einem Kundenforum einmal als Ratschlag mit auf den Weg gegeben: »Ganz einfach – seien Sie unser Partner!« Doch das geht nur auf Augenhöhe, mit Win-Win-Strategien, der Devise »Leben-und-leben-lassen«, nicht mit dem kurzsichtigen Schielen unter die Gürtellinie, auf die »Bottomline«.

Und dann gibt es noch einen direkten Zusammenhang, der unseren Managern zu denken geben sollte: Je zufriedener die Mitarbeiter, desto zufriedener sind die Kunden. Im März 2007 krönte ›Business Week‹ zum ersten Mal die »Champions des Kundenservice«, 25 kundenfreundliche Marken, unter denen die meisten weltweit bekannten Konzerne fehlen. »Trotz all der Unterschiede haben die meisten Namen auf der Liste ein paar wichtige Eigenschaften gemeinsam. Sie betonen die Kundenloyalität genauso stark wie die Mitarbeiterloyalität, indem sie ihre Mitarbeiter mit großzügigen Unterstützungen und Vergünstigungen glücklich und zufrieden halten«, vermerkte der Bericht als das herausragende gemeinsame Merkmal der Champs.

Statt Köpfe zählen Köpfe nutzen

Derzeit sind die Mitarbeiter nicht sehr zufrieden. Wie auch, wenn immer weniger Freiraum für eigene Entscheidungen bleibt und ihnen immer mehr Rucksäcke mit Zusatzaufgaben umgehängt werden. 87 Prozent aller Befragten gaben bei einer Umfrage des deutschen Gallup-Instituts (›Spiegel‹ – 14/2007) an, ihrer Tätigkeit gegenüber keine echte Verpflichtung zu verspüren. Dabei war es fast allen befragten Arbeitnehmern wichtig, ihren Job als sinnvoll zu erleben. Da muss viel schiefgegangen sein! Und das in Deutschland, wo Mitarbeiter immer mitdachten und mitmachten. Frustrierte ehemalige Konzernmitarbeiter erzählen von fiktiven Buchtiteln wie ›1 Milliarde für ein Dankeschön‹, weil sie erlebt haben, wie sich die Loyalität der Mitarbeiter in kürzester Zeit ins Gegenteil verkehrt, wenn jede Art von Respekt und Dankbarkeit fehlt. Das geht so lange, bis nur noch die Hülle des Mitarbeiters am Arbeitsplatz sitzt.

Konzerne können es sich nicht mehr länger leisten, ihr wichtigstes Potenzial und den einzigen Zugang zu dauerhaften Wettbewerbsvorteilen brachliegen zu lassen. Sie müssen endlich aufhören, ihre Mitarbeiter in Massen undifferenziert freizusetzen, deren Wissen und Erfahrung nicht optimal zu nutzen, die Kreativität gleichzuschalten, individuelle Ideen durch mangelnden Spielraum abzuwürgen und die Außenorientierung mit internen bürokratischen Anforderungen zu blockieren. Um mit Peter F. Drucker zu sprechen: »Ein Unternehmen hat nur eine wirkliche Ressource: die Leute.«

In den Boom-Ländern der letzten Jahre wie Russland oder China konnten die Konzerne und ihre Personalabteilungen, die jahrelang nur mit dem »Headcount« und dessen Reduktion beschäftigt waren, schon üben, wie man Mitarbeiter umwirbt und Programme macht, um sie zu behalten. Dort war der viel beschworene »War for Talent« schon ausgebrochen. In Russland lockte ein bekannter Hersteller von Konsumprodukten, der seinen Produktionsstandort etwas außerhalb der Metropole Moskau hat, Mitarbeiter unter anderem mit einer »Dienstauto-für-alle«-Politik und großzügigen Sporteinrichtungen an. Potenzielle Arbeitnehmer ließen die Personalsuchfirmen stundenlang warten und präsentierten dann exorbitant hohe Gehaltsforderungen und Wünsche für Zusatzleistungen, die in der Regel auch erfüllt wurden. Bei einer Veranstaltung über Mittel- und Osteuropa merkte ein Headhunter für Führungskräfte vor der Krise an, er wundere sich, dass Konzerne über Lack of Talent lamentieren, wenn sie vorher bei Incentive-Programmen zur freiwilligen Kündigung ihre besten Leute verlieren. In China und Indien wählten die Kandidaten ihre zukünftigen Arbeitgeber – abgesehen von der Höhe des Gehalts – vor allem auf Basis der Langfristperspektive aus, die ihnen die Unternehmen bieten können. Zudem beeinflussten auch die Eltern die Entscheidung, die in erster Linie auf das Image des Unternehmens und die Trainings- und Entwicklungsmöglichkeiten für den Nachwuchs achten. So staunte ein Kollege, der in China einen neuen Mitarbeiter aufnehmen wollte, nicht schlecht, als der auserwählte Kandidat absagte, weil seiner Mutter nicht gefiel, was sie über den Konzern gehört hatte.

Mit den Partnern und nicht gegen sie agieren

Wichtige Wege zum Kunden führen über externe Geschäftspartner. Als Basis für eine gute Kooperation müssen sich die Manager eigentlich nur an ihre eigenen Worte halten, die sie über die Freuden der Partnerschaft und das Engagement ihres Unternehmens gegenüber den Partnern so gerne in Interviews äußern. Dann sollte eigentlich nichts mehr schiefgehen. Aber die Gier, den ganzen Profit-Kuchen für sich zu haben, führt im heutigen Mammon- und Konsolidierungs-Ambiente zur steten Versuchung, die Partner loszuwerden, ihre Einkommen zu beschneiden oder sie kurzfristig mit einem scheinbar attraktiveren Partner zu betrügen. Das hat verheerende Folgen fürs Vertrauen und die künftige Zusammenarbeit. Wiederum ist das Fingerspitzengefühl der Mitarbeiter gefragt, denn Partnerschaften sind sensibel und entwickeln erst über längere Zeit ihr volles Potenzial, wenn das Vertrauen da ist und die Beziehung stabil.

Partner bringen viel ein. Unsere Vertriebspartner definierten bei einer Veranstaltung ihren Nutzen unter anderem mit dem »Marktwissen und Feedback über Endverbraucher, Analyse der Kundenbasis und Markttrends, die Einschätzung der Marktchancen für Produkte, Dienstleistungen …, das zielgenauere Anvisieren von Marktsegmenten, ausgereiftere Logistik und Management der Beschaffungskette und damit größere Nähe zum Kunden …« Grundlage für gemeinsame Markterfolge ist der Dialog, der durch »gute Leute beim Lieferanten, Beziehungen und Engagement gegenüber den Partnern« ermöglicht wird, eine »funktionierende Logistik« und eine »starke Marke«. Durch die Verbesserung des Informationsaustauschs und durch verstärkten Wissenstransfer sowie gemeinsame Aktivitäten, um Marktchancen zu identifizieren und zu entwickeln, ergeben sich zusätzliche Chancen. Die Betonung liegt auf gemeinsam, Austausch, Dialog. Derzeit werden die Partner nicht als gleichberechtigte Dialogpartner gesehen. Besonders die Vertriebspartner versucht man stärker unter Kontrolle zu bekommen. Oder die Lieferanten, wenn der Handel bereits einen hohen Grad an Konzentration erreicht hat.

Je nach Projekt kooperieren Konzerne mit anderen Konzernen oder sie konkurrieren. »Cooptition« (cooperation + competition) nennt sich dieses schizophrene Szenario, das häufig zu Reibereien zwischen den Partnern führt und das ohnehin bescheidene gegenseitige Vertrauen weiter erschüttert. Klare Kriterien für die Zusammenarbeit und die Nicht-Zusammenarbeit, ein immens hoher Grad an Kommunikationsbereitschaft und -fähigkeit von beiden Seiten sowie ausgeprägte Frustrationstoleranz können die Folgen mildern, aber nicht beseitigen.

Wenn Unternehmen längerfristig erfolgreich sein wollen, haben sie keine andere Wahl, als Partnerschaften einzugehen, entlang der gesamten Wertschöpfungskette – von den wichtigsten Lieferanten über Angebots- und Vertriebspartner bis zum Kunden. Die geeigneten Mitarbeiter müssen in die Lage versetzt werden, wichtige Entscheidungen im Umgang mit den Firmenpartnern zu treffen. Das würde eine substanzielle Öffnung des weitgehend geschlossenen Befehls- und Kontrollsystems Konzern bedeuten und den bisher engen Spielraum der Mitarbeiter vergrößern.

Statt an den Kostenschrauben an Innovation und Marketing drehen

Um seinen Zweck zu erreichen, nämlich Kunden zu gewinnen, hat das Unternehmen zwei grundsätzliche Funktionen, Marketing and Innovation, sagte schon Peter F. Drucker. Das riesige Potenzial beider liegt derzeit in den allermeisten Konzernen brach. Mit Innovation kann das Unternehmen aus dem Teufelskreis der Kostenschrauben ausbrechen. »Ein neues Produkt oder eine neue Dienstleistung, die ein neues Potenzial der Zufriedenheit schafft anstatt nur einer Verbesserung, ist die produktivste Innovation. Jede Organisation braucht Innovation als eine Kernkompetenz.« So benannte Peter F. Drucker die Kriterien für den Erfolg. Erfolgreiche Innovatoren sehen nicht die Risiken, sondern die Möglichkeiten. Sie analysieren systematisch, wo neue Möglichkeiten entstehen können, und zeigen auf, wie sie zu nutzen sind. Sie geben hoffnungsvollen jungen Innovationspflänzchen Zeit zum Wachsen, ohne sie gleich mit unmäßigen Renditeforderungen auszutrocknen. Eine solche langfristige Strategie steht in diametralem Gegensatz zu dem derzeitigen ewigen Zaudern, dem Stop & Go der Entscheidungsträger.

Im Klima der Kontrolle, der Maßregelung, des schnellen ROI

und des gnadenlosen Fokussierens kann Innovation nicht gedeihen. »Das ist wahrhaftig stark untertrieben«, meinte eine Kollegin, die sich seit Jahrzehnten mit Möglichkeiten zur Steigerung der Innovationskraft im Unternehmen beschäftigt, als ich mit ihr darüber sprach. Kreativität und unkonventionelles Denken können nur wirken, wenn es einen individuellen Zugang zu Problemlösungen gibt. In einem Konzernklima, das auf Befehlsexekution und Gleichschaltung basiert, werden grundlegende Innovationen kaum möglich sein. »War die Idee von Ihnen?«, wurde eine Mitarbeiterin einer großen, autoritär geführten Bank gefragt. »Nein«, antwortete sie, »das hatte ich mir schon lange abgewöhnt, eigene Ideen zu haben.«

Oft kaufen Konzerne sich Innovationskraft einfach. Doch zeitigt das nicht immer die erhofften Resultate. Wenn große Konzerne kleinere, innovative Unternehmen kaufen, die gerade ein lohnenswertes Produkt entwickeln, ist es mit der Innovationskraft meist vorbei. Die kreativen Innovatoren vertragen das strenge Regiment im großen Konzern nicht und fliehen bei erstbester Gelegenheit.

Das Gleiche gilt für das Marketing. Marketing ist in den Konzernen omnipräsent, aber nur auf der deklaratorischen Ebene. Es bleibt bei der Rhetorik. Marketing beginnt beim Kunden, nicht beim Budgetprozess. Erfolgreiches Marketing setzt echtes Interesse für die (zukünftigen) Kunden, ihre Bedürfnisse, den kulturellen Hintergrund etc. voraus, sucht eine Begegnung auf Augenhöhe und den Dialog. Die Verwalter und Buchhalter finden diesen Zugang nicht, sie starren von Anfang an nur auf die Rendite, die erst am Ende der Beziehung stehen kann. Ein Beispiel aus der Praxis: Potente Zielgruppen waren für den Dialog mit uns bereit. Wir hatten ihre vorrangigen Bedürfnisse und die richtigen Ansprechpartner erforscht und ihre »Sprache« gelernt. Wir hatten Partner gefunden, die unser Portfolio perfekt ergänzten und mitmachen wollten. Die Kollegen im Verkauf waren motiviert, spezialisierte Vertriebspartner konnten als Multiplikatoren unserer Marketinginitiative gewonnen werden. Die Kampagne war zum Start bereit. Doch es geschah nichts. Oder doch: Die Konzernverantwortlichen unternahmen etwas. Sie sparten das Team ein, das diese Marketinginitiative betreiben sollte. Die Zahl der Marketingmitarbeiter, die noch aktiv Kampagnen kreieren und umsetzen, nahm ab, die Zahl derer, die Ergebnisse zu Tode evaluieren, zu. Was als Marketing bezeichnet wurde, verdient diesen Namen nicht. Der Kunde bleibt eine Randerscheinung.

Für einen Klimawandel im Konzern sorgen

Lange Jahre sind die Konzerne oberflächlich betrachtet mit dem strikten Sparkurs gut gefahren, sie haben zwar keine Spitzenleistungen erbracht, aber verlässlich ihre Quartalsgewinne abgeliefert und »marktbereinigend« lästige Konkurrenten aufgekauft. Aber seit einiger Zeit stoßen die Mehr-mit-Weniger-Strategien an ihre Grenzen. Die Mitarbeiter sind müde und gleichgeschaltet. Innovationen und Entwicklungsimpulse sind rar. Die Kostenminimierer und Kontrollfreaks suchen nach Auswegen aus der Sackgasse. Heraus kommen sie nur, wenn sie umdenken und umkehren, die Perspektive von innen nach außen und von Kurzzeitpofit auf Nachhaltigkeit umstellen. Die aktuelle Wirtschaftskrise, die erst die Finanzwirtschaft und dann die Realwirtschaft erfasste, macht es allerdings nicht wahrscheinlicher, dass neue visionäre Kräfte an die Konzernruder kommen, die in der Lage sind, die Richtung der riesigen Ozeandampfer fundamental zu ändern.

Viel zu tun wäre für die Konzernmanager, aber sind sie auch die richtigen, um den notwendigen Klimawandel im Konzern herbeizuführen? Sie sind in einem Universum groß geworden, in dem alles auf kritiklose Exekution ausgerichtet ist, in dem Mitarbeiter nur sagen, was die Manager hören wollen, und Manager in vorauseilendem Gehorsam das tun, was Aktionären und

Finanzmanagern gefällt. Sind sie in der Lage, kritisch hinter die Fassade zu blicken, die sie seit Jahren mühsam selbst aufgebaut haben, Innovationsimpulse zu geben, ein offeneres Klima zu schaffen, das es den Mitarbeitern erlaubt, ihr Potenzial zu nutzen und ihren eigenständigen Beitrag zum Unternehmenserfolg zu leisten? Erfolg versprechende Anleitungen für die Umkehr finden Manager in den Ergebnissen der Mitarbeiterbefragungen. Seit Jahren sagen die Mitarbeiter – natürlich nur unter dem Schutz der Anonymität – ihre Meinung zu den Entwicklungen im Konzern. Seit Jahren beklagen sie den Fokus nach innen, die komplizierte Organisation und die Schwierigkeit, sich in dieser Organisation auf die Kunden zu konzentrieren, und seit Jahren werden sie mit ein paar guten Worten und kosmetischen Änderungen abgespeist.

Misstrauen als vorrangiges Organisationsprinzip kann sich kein Unternehmen auf Dauer leisten. Die Kontrollmanie des Managements, die zu Unmengen von Prozessanforderungen, Anträgen und Berichten führt, frisst die Zeit der Mitarbeiter weg. Misstrauen ist teuer. Misstrauen demotiviert, fördert Dienst nach Vorschrift, höhere Krankheitsquoten, geringere Kundenzufriedenheit. Demotivierte Mitarbeiter können keine zufriedenen Kunden schaffen.

Mitarbeiter als reine Befehlsempfänger sind zu teuer. Manager, die in die Fähigkeiten der Mitarbeiter Vertrauen haben, sich auf deren Stärken statt Schwächen konzentrieren, fördern die Produktivität. An die Stelle einer aufwendigen, rigiden Befehlskette von ganz oben nach ganz unten treten gemeinsam vereinbarte Ziele. Es genügt, die Plankonformität der Resultate mit ein paar Kennzahlen zu überprüfen, und nicht den gesamten Weg dahin zu kontrollieren. Verlängerte Budget- und Planungsperioden wären hilfreich, schlanke IT-Systeme, die wirklich funktionieren, ein Chef, der selbst entscheiden kann und nicht noch x-Chefs darüber bei jeder Kleinigkeit konsultieren muss. Eine kritische Inventur wird fällig, die die Spreu vom Weizen trennt – die für

Resultate wirklich notwendigen Prozesse und Berichte von den vielen sinn- und zwecklosen. Das wäre dann die Reduzierung der Komplexität, die die Mitarbeiter in jeder Befragung einfordern.

Eine weitere Aufgabe besteht darin, die selbst erzeugten tiefen Gräben zwischen den Abteilungen zu überwinden. Viele Konzerne haben auf internen Wettbewerb gesetzt, um noch mehr Profit aus den einzelnen Segmenten herauszuholen. Finanzielle Anreizsysteme zielen auf den Egoismus des einzelnen Arbeitnehmers, nicht auf das Team, den Geschäftsbereich, das gemeinsame Unternehmen. Die Fliehkräfte und Profilierungstrends der einzelnen Lager wurden nicht ins Kalkül gezogen. Nun heißt es, die verschiedenen, oft verfeindeten Fraktionen wieder verstärkt zur Gemeinsamkeit zu motivieren, denn just »Zusammenarbeit« quer über Funktionen, Länder und Organisationen soll zukünftig ein entscheidender Wettbewerbsfaktor sein. Wie Zahnräder sollten die Firmenteile ineinander greifen, statt sich abzuschotten. Schließlich sollten wir alle an einem Strang ziehen. Leicht wird es nicht sein, die Separationskräfte zu bremsen. Wer von den Fraktionshäuptlingen wird sich schon gern sein Spielzeug wegnehmen lassen, das ihm lieb und teuer geworden ist? Incentive-Systeme einzuführen, die auch die Ergebnisse des gesamten Unternehmens als Basis heranziehen und nicht nur jene der einzelnen Geschäftsbereiche, gemeinsame Feste zu feiern und wieder bereichsübergreifende Funktionen installieren, könnte hilfreich sein. Und ein offenes Klima, in dem nicht jeder Mitarbeiter permanent Angst um seinen Job haben muss. Sonst kann keine Kultur des Teilens und Mitteilens entstehen.

Manager müssen sich mit Zahlen auskennen. Zahlen sind wichtig. Aber Zahlen alleine genügen nicht, wenn Manager bei den menschlichen Faktoren, den »soft factors« schwächeln oder völlig versagen. Schließlich werden alle Geschäfte von und mit Menschen gemacht. Mehr emotionale Intelligenz und ein fundierteres Wissen über das menschliche Wesen würde unsere

Manager vor vielen falschen Erwartungen und Fehlentscheidungen schützen. Denn dann wüssten sie, dass Mitarbeiter, die beim Einsparen von Kosten brillieren, nicht besonders gut sind darin, Umsätze dynamisch zu steigern. Hohe Profite und starkes Wachstum können auf Dauer nicht gleichzeitig realisiert werden. Man kann von Konzernsoldaten, die akribisch Befehle befolgen und Prozesse einhalten, keine kreativen Marketingprogramme erwarten, von braven Vermessern keine bahnbrechenden Innovationen. Mitarbeiter können nicht einer Vielzahl von Herren dienen, sie identifizieren sich eher mit einer Kleingruppe als dem großen Ganzen und tun das, von dem sie glauben, dass es bei ihren Managern am besten ankommt. Die Welt ist alles andere als flach. Vorurteile gegenüber Kollegen aus anderen Ländern sind nach wie vor virulent – schließlich setzen die Bosse selbst auch immer vorrangig Landsleute auf wichtige Positionen. Unternehmensteams können nicht beliebig auseinandergerissen und zusammengestoppelt, Menschen nicht beliebig ersetzt und versetzt werden. Wenn sie das alles wüssten, unsere Manager, dann würden sie gewiss auf manchen Unfug verzichten und nicht ständig Geister rufen, die sie dann nicht mehr loswerden.

Manager geben die Richtung vor. Wenn sie überall Bürokraten und Erbsenzähler einsetzen, dann wird das Ergebnis entsprechend sein. Wenn sie die Verhinderer belohnen, werden sich die »Unternehmer« unter den Mitarbeitern zurückziehen und es wird kein offensiver Geist entstehen. Wenn den Worten auf Dauer keine Taten folgen, verlieren sie die Glaubwürdigkeit, auch wenn die Mitarbeiter keine offene Kritik üben. Selbstständig denken, das wäre eine gute Alternative nach all dem angepassten Exekutieren, selbstständig denken über das Quartal und die Fassade hinaus, an die weitere Zukunft, an die nachhaltigen Erträge für die nächsten Jahre.

Höchste Zeit also für den Klimawandel im Unternehmen. Im Gegensatz zur Atmosphäre müssen die Temperaturen in den Konzernen wieder ansteigen. Die menschliche Wärme, die

»weichen Faktoren«, sind ein gewaltiger Produktivitätsfaktor, den die scheinbar so effizienten, Zahlen speienden Manager in ihrem schlichten mechanistischen Blick auf die Unternehmenswelt übersehen haben. Wenn man die Mitarbeiter nur als – zu reduzierenden – Kostenfaktor sieht, dann prägt dies das gesamte Verhalten ihnen gegenüber, mit den bekannten motivations- und renditeschmälernden Folgen. In ihrem Streben, die Arbeitskräfte von fixen zu flexiblen, jederzeit abbaubaren Kosten zu machen, haben die Manager funktionierende Strukturen zerstört und die Unternehmen zu permanenten Baustellen gemacht. In ihrer Determinier- und Kontrollmanie haben sie die Innenorientierung der Mitarbeiter zementiert. Beides werden sich die Konzerne nicht viel länger leisten können.

Aus Beispielen lernen

Wie schnell es geht, gesunde Konzerne an den Rand des Abgrunds zu führen, haben die verwegenen Finanzjongleure und tabulosen Renditejäger im Management gezeigt. Belegschaften, Lieferanten und Kunden waren die Geiseln auf diesen Höhenflügen raus aus der kleinen Welt der Kunden- und Mitarbeiterkontakte. »Wir könnten bei umweltfreundlichen Antrieben an der Spitze liegen«, meinte Mercedes-Betriebsratschef Erich Klemm im ›Spiegel‹ (26/2009). Der Vorstand trage die Verantwortung dafür, dass »wir das bislang nicht tun«. Dieser hatte jahrelang das Stammgeschäft vernachlässigt, erst alle Energie – und Milliarden – auf die Gründung der Welt AG und dann auf die Trennung von Chrysler aufgewendet, die gerade noch rechtzeitig vor der Finanzkrise erfolgte. Später hätten die Banken dem Finanzinvestor Cerberus die Übernahme von Chrysler nicht finanziert. Dann wäre jetzt nicht nur Chrysler in der Insolvenz, schrieb der ›Spiegel‹.

Finanzwetten bildeten die Basis für »Porsches Powerplay« um

die Übernahme von VW, wo 28-mal mehr Mitarbeiter beschäftigt sind. Der Autobauer mutierte zum Hedgefonds (›manager magazin‹, 12/2007). In der ersten Hälfte des Geschäftsjahres 2008/2009 wies Porsche mehr Gewinn als Umsatz aus. Im eigentlichen Kerngeschäft gab es herbe Rückschläge. Als Jongleure mit VW-Aktien und -Optionen bewiesen die Zuffenhausener deutlich mehr Geschick, folgerte ›Börse.ard.de‹ (31. März 2009). Aber es reichte nicht, um die Übernahme-Schulden von zehn Milliarden Euro abzudecken. Ein Jahreseinkommen im höheren zweistelligen Millionenbereich war ein schönes Trostpflaster für den langjährigen Porsche-Chef, der stolz darauf war, im Konzern wie kein zweiter in der Republik die Cents umzudrehen. Große Ambitionen hatte auch sein Kollege, von 2005 bis 2009 Konzernchef von Arcandor, vormals KarstadtQuelle. Investmentbanking und Private Equity, die London Stock Exchange mitsamt der City sind seine Welt, die Niederungen der Operative meidet er, schrieb das ›manager magazin‹ (9/2007). An einen »Heuschreckenüberfall von innen« erinnerte die Journalisten des ›manager magazin‹ seine Vorgehensweise, Konzern-Unternehmen serienweise zu verkaufen, das Gros der Immobilien zu veräußern, den Konzern auszuhöhlen. Gut möglich, dass sich eines Tages die angebliche Sanierung von KarstadtQuelle alias Arcandor als fatale Mischung aus Finanzdeals, Gaukelei und Missmanagement erweist, prophezeiten sie bereits im September 2007. Im Juni 2009 kündigte Arcandor Insolvenz an und das traditionsreiche Versandhaus Quelle stand als Teil des Konzerns am finanziellen Abgrund, von dem es ein Massekredit von Bund und betroffenen Ländern in der Höhe von über 50 Millionen Euro noch einmal zurückholte. Strategische Fehler, Eigeninteressen und Managementversagen haben einen Konzern ruiniert, schrieb die ›Wirtschaftswoche‹ (12. Mai 2009).

Es gibt ein paar wenige verbliebene Konzerne, die nicht von den fetten, behäbigen Mitbewerbern verschlungen sind. Danone, so urteilte das ›manager magazin‹ (8/2007), »operiert oft schneller und effizienter als die Konkurrenz und löste so das Grundproblem jedes Managers in einem Konsumgüterkonzern: Wie finde ich in überbesetzten, saturierten Märkten voll austauschbarer Waren ein neues Produkt? Und wie bringe ich es effektvoll auf den Markt?« Dazu trug wohl auch bei, dass die Manager und die Länderorganisationen sehr selbständig agieren können und ausdrücklich aufgefordert sind, Ideen und Produkte »passgenau für ihren Markt« zu entwickeln. McDonald's gilt zwar nicht als Paradies für seine Mitarbeiter, aber wie man mit neuem Kundenfokus statt Staatshilfe aus den roten Zahlen kommen kann, machte das Unternehmen vor (›Süddeutsche Zeitung Magazin‹, 26. Juni 2009). Als die Kunden ausblieben, suchten die Manager mithilfe professioneller Marktforschung Antwort auf die zentrale Frage, was die Leute überhaupt bei McDonald's wollen. Kundenwünsche übersetzten sie mit neuen Angeboten wie Salaten und Bio-Milch oder der Eröffnung der McCafés in Deutschland und erschlossen so neue Kundenschichten. Zudem erfreuten sie kritische Verbraucherorganisationen mit Dialogangeboten und machten Zugeständnisse an lokale Sitten und Gebräuche. Der Konzern wächst als eine der wenigen Ausnahmen mitten in der Weltwirtschaftskrise um fünf Prozent.

Den richtigen Rahmen schaffen

Das können die Konzerne natürlich nicht selbst, das muss die Politik. Aber ohne diesen neuen rechtlichen Rahmen gibt es keine Umkehr. Freiwillig tun sie gar nichts, freiwillig verzichten sie auf gar nichts, das haben die maßgeblichen Manager in den letzten Jahren ausgiebig bewiesen. Appelle an ihre Ethik, ihr Verantwortungsgefühl oder an langfristiges Denken sind völlig vergebliche Liebesmüh.

Am Anfang muss nach den teuren staatlichen Löscharbeiten die Klärung der Verantwortung für den Super-Gau, der die

Prosperität vieler Jahrzehnte erodierte, stehen, die Botschaft an wirtschaftliche Entscheidungsträger klar sein: Schweinsein darf sich nicht so offensichtlich lohnen. Die juristische Aufarbeitung über nationale Grenzen hinweg ist wichtig. Angesichts der Größe der auftauchenden Verluste werden laut ›Economist‹ (2. Mai 2009) voraussichtlich noch mehrere Geschäfte vor Gericht enden. Einige nennt das Magazin. In Amerika verklagt das Jefferson County JPMorgan Chase wegen angeblicher Fehlverkäufe (neues englisches Wort – »mis-selling«) von Kreditderivaten. In Italien stellte die Finanzpolizei bei vier Banken (UBS, JPMorgan Chase, Deutsche Bank und DEPFA-Bank der Hypo Real Estate) Aktiva in der Höhe von 476 Millionen Euro sicher, während Staatsanwälte die Vorwürfe der Stadt Mailand untersuchen. Sie wurde von den Banken bei einer riesigen Wette über die Entwicklung von Zinssätzen unterstützt, die die Kommune nach eigenen Angaben im Juni 2008 298 Millionen Euro kostete. Die Österreichische Bundesbahn, die eine 420-Millionen-Euro-Abschreibung für komplexe Kreditderivatgeschäfte vornehmen musste, geht laut ›Economist‹ gegen ein Gerichtsurteil vom Februar 2009 in Berufung, das die Klage, der Verleiher habe die Risiken nicht bekanntgegeben, gegen die Deutsche Bank abwies.

Billiges Geld für Unternehmenspiraterien, potenziell miese Kredite an einkommensschwache Hauskäufer und Finanzspekulanten zur Verfügung zu stellen und zudem auf effektive Regulierung und Aufsicht zu verzichten, zeitigte katastrophale Folgen. Wir müssen Investitionsströme wieder in die Realwirtschaft lenken, sagte Hermann Scheer, deutscher Bundestagsabgeordneter und Träger des alternativen Nobelpreises, bei einem Vortrag zur Energiewende. Und zwar vorrangig in die Entwicklung und Produktion erneuerbarer Energien. Damit lösen wir, ist er sicher, die drei zusammenhängenden wirtschaftlichen Krisen, die Ressourcen- und Klimakrise sowie die Finanzkrise (Ö1 Journal-Panorama, 12. März 2009).

Es ist unbestritten, dass die Krise eine Krise ist, die von Männern gemacht wurde. So fand sich auf der Liste der 30 aggressivsten Investoren (›manager magazin‹ 12/2006) keine einzige Frau. So viel destruktive Energie und beispiellose Arroganz findet sich selten unter weiblichen Managern. Als neue »Trümmerfrauen« sind sie jetzt gefragt. »Liebe Kollegen, lassen Sie mehr Frauen ran! Sie können uns aus der Krise helfen«, schrieb Jürgen Kluge von McKinsey & Company in der ›manager magazin‹-Kolumne (3/2009). »Denn weibliche Führungskräfte können entscheidend dazu beitragen, dass Unternehmen und die Wirtschaft als Ganzes gestärkt aus der Krise hervorgehen. Mehr noch: ein höherer Frauenanteil im Management steigert den Unternehmenserfolg. Frauen in Führungspositionen üben einen positiven Einfluss auf das Arbeitsumfeld und Wertesystem eines Unternehmens aus und geben Mitarbeitern Orientierung. Vier der von Frauen bevorzugten Führungspraktiken kommen Unternehmen besonders zugute: ›Mitarbeiterentwicklung‹, ›Inspiration‹, ›Mitbestimmung‹ und ›Erwartungen und Belohnungen‹. Die von Männer favorisierten Führungspraktiken ›Kontrolle und Korrekturmaßnahmen‹ und ›individualistische Entscheidungen‹ rangieren dagegen am untersten Ende der Effektivitätsskala und sind daher wenig geeignet, den Unternehmenserfolg zu steigern. Die Finanz- und Weltwirtschaftskrise zeigt denn auch mehr als deutlich, dass diese weitverbreiteten Führungsmethoden keine Erfolgsgaranten (mehr) sind. Kontrollverluste sind an der Tagesordnung, und die gestiegene Komplexität macht es für einsame Entscheider immer schwieriger, den Überblick zu behalten.« Trotz all dieser Meriten ist der Anteil der Frauen in den Vorständen und Aufsichtsräten – mit wenigen europäischen Ausnahmen – mikroskopisch klein. In Deutschland hat Siemens als einziges Dax-notiertes Unternehmen eine Frau im Vorstand (›manager magazin‹ 4/2009). Nach jahrzehntelangen vergeblichen Appellen an die männlichen Entscheidungsträger, diese erbärmlich geringe Präsenz zu steigern, ist es Zeit für die Politik, gesetzliche Quoten oder steuerliche Diskriminierungsmodelle einzuführen. Eine höhere Frauenquote im Vorstand würde dann auch das Problem der – mit der bisherigen Leistung der Konzernherren völlig negativ korrelierte – Besoldung lösen, weil Frauen nie auf die Idee kommen würden, für ihre hochwertigen Arbeitsleistungen diese astronomischen Summen anzusetzen.

Der Kopfzahl-Paranoia der Konzernherren noch weiter entgegenzukommen und die von vielen Reiner-Markt-Jüngern geforderte zunehmende Flexibilisierung der Arbeit voranzutreiben, bedeutet nicht das versprochene Job-Wunder, sondern eine ungebremste steile Talfahrt der Kaufkraft, der Steuer- und Sozialversicherungseinnahmen, eine rasant zunehmende Prekarisierung der jugendlichen Jobber und immensen gesellschaftlichen Sprengstoff. Die von den Neoliberalen offenbar gewünschte Nivellierung nach unten kann schon jetzt auf schöne Erfolge verweisen. So kaufen immer mehr Deutsche Autos wie jene der rumänischen Renault-Tochter Dacia, die eigentlich nur für Osteuropa und die Schwellenländer vorgesehen waren, verzichten auf Fernreisen und widmen sich der Exotik der Nähe (›manager magazin‹, April 2009).

Wenn internationale Organisationen wie die EU die ungebremste Konzentration der Konzerne weiter zulassen, dann sind die missbräuchlichen Praktiken von zukünftigen Oligopolisten und Fast-Monopolisten vorprogrammiert. Die vielgerühmte Konsolidierung sorgt gewiss für bessere Renditen der übrig gebliebenen Konzerne, für frivole Ablösesummen der übernommenen CEOs und für fette Honorare der involvierten Investmentbanker, die in bekannter Uneigennützigkeit zahllose Klienten zu Firmenaufkäufen animierten. »Was passierte mit den glorreichen Tagen des Investmentbanking?«, fragte der ›Economist‹ (9. Mai 2009) nach dem Abschwung der M&A-Manie, »als Bosse noch allein durch das Zeigen des neuen Logos und ihrer neuen führenden Stellung gegenüber Branchenkollegen zum Unterschreiben eines riesigen Deals überredet werden konnten.« Was für die Banker eine sprudelnde Einkommensquelle darstellt, ist für die Arbeitnehmer, die Konsumenten, die Lieferanten, Steuerbehörden, eine Katastrophe. Die konsolidierten Riesenkonzerne werden zwar in der Lage sein, unendlich kostensparend Abermillionen von Autos und Computern zu produzieren, aber es wird nur mehr wenige Konsumenten geben, die sich die Produkte werden leisten können. Jetzt arbeiten die Großkonzerne daran, die Landesgesellschaften abzuschaffen (manager magazin 6/2009 – ›BP – Der Umbau des Ölkonzerns erreicht jetzt Europa: Das Ende der Landesgesellschaften naht‹). Wenn die Politiker dieser Entwicklung keinen Riegel vorschieben, dann schreitet die Erodierung der staatlichen Souveränität munter fort und Abertausende lukrative Arbeitsplätze gehen erneut verloren.

Das »Window of Opportunity«, die Möglichkeit, in der Krise die »bitter notwendigen Reformen« durchzubringen, schwindet rasch, warnte der Ökonom Kurt Rothschild. Die gesellschaftliche Struktur, in die uns die Neoliberalen geführt haben, sei intakt. Ein Wechsel der Personen, die den Mist gebaut haben, wäre das Mindeste, meinte er.